U0156846

浪花朵朵

法布尔老师的昆虫教室

③ 昆虫的生存绝招

[日]奥本大三郎 文　[日]山下浩平 绘　宋天涛 译

四川美术出版社

照片·标本提供　奥本大三郎

原版设计·标本照片　山下浩平（mountain mountain）

德国

巴黎 ⊙

法国

瑞士

意大利

圣莱昂 ○

地中海

西班牙

科西嘉岛

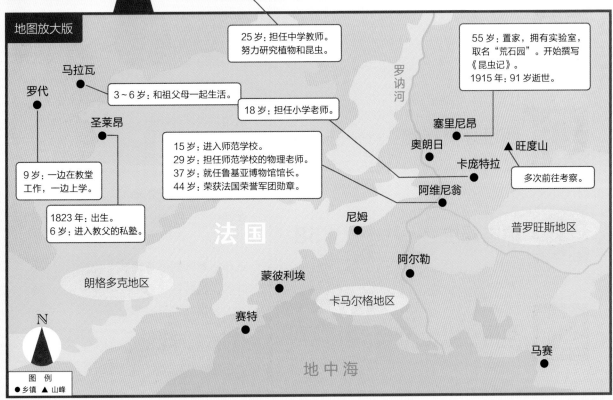

地图放大版

25 岁：担任中学教师。努力研究植物和昆虫。

55 岁：置家，拥有实验室，取名"荒石园"。开始撰写《昆虫记》。
1915 年：91 岁逝世。

马拉瓦

罗代

3～6 岁：和祖父母一起生活。

18 岁：担任小学老师。

罗讷河

塞里尼昂

圣莱昂

15 岁：进入师范学校。
29 岁：担任师范学校的物理老师。
37 岁：就任鲁基亚博物馆馆长。
44 岁：荣获法国荣誉军团勋章。

奥朗日

卡庞特拉

旺度山

多次前往考察。

9 岁：一边在教堂工作，一边上学。

阿维尼翁

1823 年：出生。
6 岁：进入教父的私塾。

尼姆

普罗旺斯地区

法国

阿尔勒

朗格多克地区

蒙彼利埃

卡马尔格地区

赛特

马赛

N

地中海

图例
● 乡镇 ▲ 山峰

* 本书地图系日文原版地图。

目录

法布尔老师的标本箱③

法布尔老师的标本箱④

瓢虫① 神之虫

春天一到，寒冷的北风便化作和煦的南风，天空一片湛蓝，明媚的阳光照耀着大地，万物生机盎然。你们是不是也在兴高采烈地迎接着春天的到来呢？

虫子们也很开心吧？我不知道虫子们会不会像人类一样或欢喜或悲伤，有着丰富的情感，但它们已经活跃起来了。

瞧——有一只红色的虫子"嗡嗡"地飞了过来，落在了我眼前的蔷薇新芽上。

它的外形呈半球形，就像把一颗圆球对半切开，像漆器、塑料玩具一般闪闪发光。

原来是瓢虫。在冬天，瓢虫会聚集在树皮下抱团取暖，度过寒冬。但春天一到，它们就完全恢复了活力。

瓢虫在满是刺的蔷薇枝头匆忙地爬来爬去，最后停在了绿色虫子扎堆的地方。

瓢虫狼吞虎咽地吃掉了其中一只绿色虫子，它吃的是蚜虫。

蚜虫们一副无动于衷的样子，一点儿也不害怕，压根儿不打算逃跑，只是不时地从枝头上"吧嗒吧嗒"地掉落下来。

除了蔷薇，蚜虫还会吸食农作物的汁液，让植物衰弱和生病。但瓢虫会吃蚜虫，可以消灭它们。

所以在人类看来，蚜虫是害虫，而瓢虫是益虫。

瓢虫在欧洲深受人们喜爱，被称为"圣母玛利亚之虫""神之虫"。

用指尖挡住瓢虫的去路，它会继续向上爬啊爬，爬到指尖后，就"扑棱"一下飞走了。有人说，瓢虫是有信仰的虫子，它会飞向天堂。

日语中的"瓢虫"写作"天道虫"，"天道"在日语里指太阳，也指天国。瓢虫的日文名称是因它飞向天空的样子而得来的。

瓢虫② 翅膀的斑点

瓢虫的种类繁多，外表多变。

红色翅膀上有 7 个黑色斑点的叫作"七星瓢虫"，小朋友们最常画的瓢虫就是它。

也有很多体形和七星瓢虫一样大或者比它小一点的瓢虫，比如：

① 黑色翅膀上有两个红色斑点的

② 黑色翅膀上有四个红色斑点的

③ 黑色翅膀上有多个红色斑点的

④ 红色翅膀无斑点的

事实上，这四种瓢虫虽然外表不同，但都属于同一种类。因为都是常见且是一般的种类，所以统称为"异色瓢虫"。

鳗鱼店通常会把鳗鱼以"普通""上等""特等"来分类。瓢虫也分等级，异色瓢虫就属于"普通的瓢虫"。

外表如此不同，却是同一种类，是不是很神奇！

即使是同父同母、同时出生的瓢虫，斑点也可能不一样。亲代遗传基因的差异会使子代的斑点产生变化。

看起来小巧可爱的瓢虫，蚜虫可是相当害怕它们呢。

另外，你们知道蚂蚁和蚜虫的关系吗？

蚜虫会从屁股排出蜜露，这正是蚂蚁喜爱的佳肴。作为谢礼，蚂蚁会保护蚜虫，帮助它们赶走天敌瓢虫。

但瓢虫的身体呈半球形，还有坚硬的翅膀保护着。如果蚂蚁从外侧攻击，瓢虫把腿缩进翅膀里面，蚂蚁就无计可施了。即使蚂蚁张大嘴巴去咬，也是滑溜溜的，找不到下嘴的地方。

瓢虫还会分泌难闻的黄色液体，所以鸟类也不愿意吃它们，算是"因臭得福"吧。

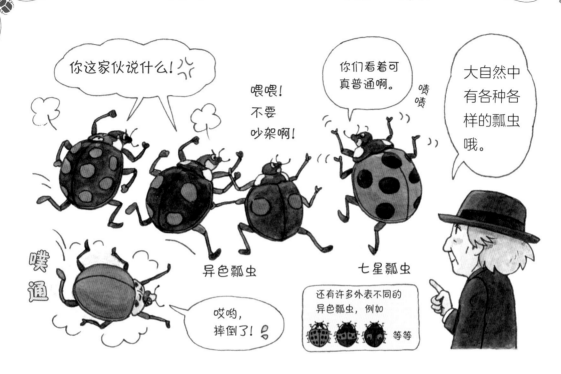

你这家伙说什么！

喂喂！不要吵架啊！

你们看着可真普通啊。 啧啧

大自然中有各种各样的瓢虫哦。

噗通

异色瓢虫

七星瓢虫

哎哟，摔倒了！

还有许多外表不同的异色瓢虫，例如 等等

蚂蚁喜欢舔食蚜虫的蜜露，所以它们会保护蚜虫不受瓢虫的侵害。

请尽情品尝吧。

快走开！

滑溜溜的，咬不动啊，还排出了一种难闻的液体。

谢谢你们给我喝香香甜甜的蜜露。

泰然处之。

慢吞吞

但是，蚂蚁面对瓢虫无计可施……

瓢虫

幼虫的形态

你见过瓢虫的幼虫吗？很多人见过它们的成虫，但没见过幼虫。

天气转暖，瓢虫便开始产卵，会产二三十只左右。

卵刚开始是黄色的，然后颜色渐渐变深，最后变成橘黄色。

卵中孵化出的幼虫身体细长，只有腿很显眼，像蜘蛛一样。

幼虫最初黑黑的，看起来很丑。之后颜色渐渐变成灰色和橘黄色，浑身带刺，长得奇形怪状的。总之，与成虫的形态相差甚远。

瓢虫的幼虫也是肉食性的。小小的幼虫很是盛气凌人，敢啃咬和自己同样大小的蚜虫，吸食它们的汁液。蚜虫毫无抵抗力，很快就会被吃掉。

蚜虫和瓢虫的关系就像羊和狼的关系。蚜虫靠吸食植物的汁液长大，羊是吃草长肉。蚜虫和羊在体内把植物转化成动物性蛋白质，而这些蛋白质之后会成为瓢虫和狼所需的食物。

瓢虫幼虫们渐渐长大，每天需要吃的蚜虫也随之增多。多的时候，一只幼虫1天能吃将近100只蚜虫。所以对于农民们来说，瓢虫的成虫、幼虫都是益虫。

当幼虫的身体大到要胀破时，就会蜕去显小的皮，变成蛹。一动不动待上几天后，一只光泽漂亮的成虫就羽化而出了。

浑身带刺、细长的幼虫竟然会变成圆溜溜的成虫，这种场面不论看多少次，都让人觉得不可思议。

看着瓢虫"扑棱扑棱"拍打着鞘翅下的薄翼飞向天空，就会觉得古时候的人们认为它们是飞向太阳的"神之虫"也不是没有道理。

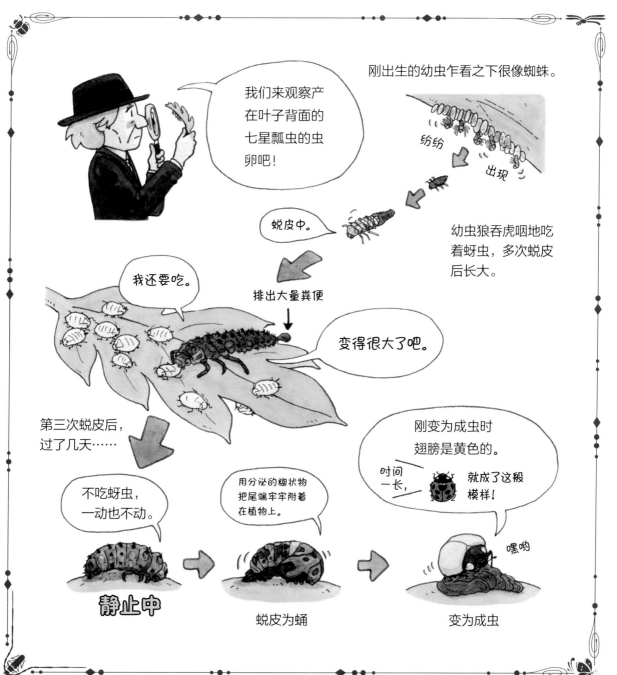

刚出生的幼虫乍看之下很像蜘蛛。

我们来观察产在叶子背面的七星瓢虫的虫卵吧！

纷纷

出现

蜕皮中。

幼虫狼吞虎咽地吃着蚜虫，多次蜕皮后长大。

我还要吃。

排出大量粪便

变得很大了吧。

第三次蜕皮后，过了几天……

不吃蚜虫，一动也不动。

用分泌的糊状物把尾端牢牢附着在植物上。

刚变为成虫时翅膀是黄色的。

时间一长，就成了这般模样！

嘿哟

静止中

蜕皮为蛹

变为成虫

瓢虫

饲养方式

本小节就来讲解一下瓢虫的饲养方式吧。瓢虫和振翅而飞的蝴蝶、蜻蜓、蝉不同，乍看之下似乎很容易饲养，实际通常都会失败。不过在自己家里饲养，一天可以进行多次观察，常有意外的发现。

容器用塑料杯即可。在杯口罩上一个网，以防它们逃跑。也可以在纸上扎几个小孔，用橡皮筋固定在杯子上。开孔是为了让瓢虫可以呼吸，避免容器内部闷热潮湿。

饲料还是蚜虫。

蚜虫都是群聚在植物茎叶上吸食汁液，一只只抓太费事了，所以用剪刀把蚜虫所在的整个茎叶都剪下来吧。

当然，不可以擅自剪切别人家庭院里的植物，要经过庭院主人的同意才行。

树木上和草丛里也有蚜虫，它们通常群居在蔷薇新芽上，还有空地上的艾蒿、飞蓬之类的杂草上。请在平日里多加观察，看看蚜虫生存在什么样的地点吧。

如果没有蚜虫，可以暂时用喂养独角仙、锹甲的昆虫专用果冻或苹果片来作瓢虫的饲料。苹果可以用作各类虫子的饲料，很方便吧。

如果饲料不够，肉食性的瓢虫就会自相残杀。所以在一个容器里不能养太多，最多四五只，不可贪多。

保持饲养容器的清洁非常重要。虽说打扫比较麻烦，但搁置不管的话，容器里会滋生细菌，幼虫也会生病。

所以饲养瓢虫的秘诀在于控制数量，还有精心的照顾。

最最重要的是——对于饲养的瓢虫要充满喜爱之情哦。

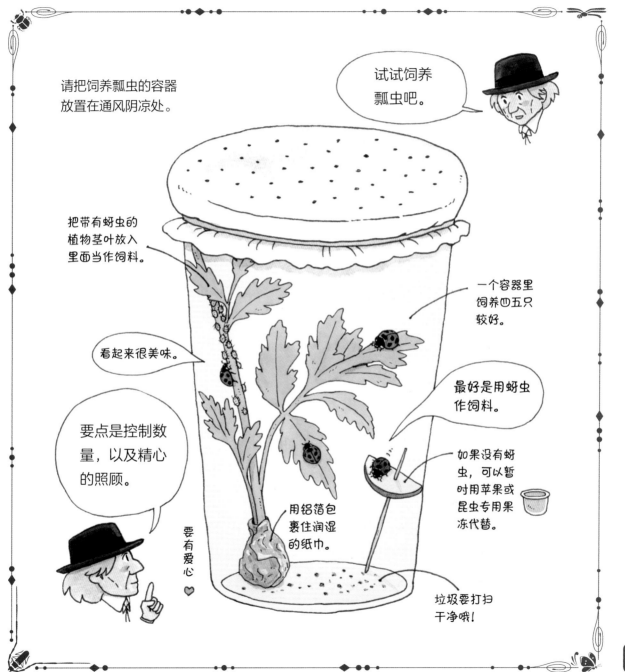

益虫和害虫

瓢虫是益虫，它会吃掉害虫蚜虫，是农业上的小帮手，是我们人类的好伙伴……很多人这样想，但需要注意的是，不是所有的瓢虫都是益虫，也有吃农作物叶子、令人讨厌的瓢虫哦。

去种植马铃薯、西红柿的田地里瞧一瞧吧。你们会看见有的叶子呈半透明状，有的叶子上面有粗大的网眼。

环视一下四周，就是那里，有只虫子正在啃咬叶子。

怎么看它都是瓢虫，但它和消灭蚜虫的益虫瓢虫不同，身上有白色的胎毛。这家伙就是把西红柿、马铃薯的叶子啃得尽是网眼的罪魁祸首。

它不像异色瓢虫那样闪闪发光，背上的斑点也更多。我们来数一数有多少个黑色斑点吧，1、2、3……竟然足足有28个！所以人们叫它——二十八星瓢虫。

二十八星瓢虫不吃蚜虫，属于植食性瓢虫，并且幼虫和成虫都是植食性的。幼虫浑身长刺，看起来有点恶心。与它相比，异色瓢虫的幼虫就可爱多了。

害虫和益虫的说法是人类从自身角度出发来定义的，瓢虫原本是无罪的，只是去吃自己想吃的东西罢了。人类根据自己的情况来为它们定性，其实任性的反而是人类呢。

原本在欧洲和亚洲是没有马铃薯和西红柿的，它们都属于外来的农作物。

马铃薯原产于南美洲的安第斯山脉，后来西班牙人把马铃薯带到了欧洲，并进行了品种改良。

西红柿也是从南美洲传来的，后来人们不断对它进行品种改良，所以现在的西红柿不仅产量大，味道也更好了。

如此看来，这种瓢虫一定是附着在植物茎叶上，被一起从原产地引入的。

并不是所有的瓢虫都是益虫哦。

我在吃叶子。

成虫

我也是植食性的。

我浑身带刺哦。

幼虫

二十八星瓢虫

成虫和幼虫以马铃薯和西红柿的叶子为食,被视为害虫。

人类从南美洲引入马铃薯和西红柿并进行了品种改良。

说来说去,是害虫还是益虫,都是人类从自身的角度来定义的。

原来是这样……

我们从很早以前就吃这些植物了!

说我们是害虫很失礼呢!

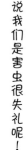

瓢虫

瓢虫⑥ **介壳虫的天敌**

我们先不谈瓢虫，来讲点其他的吧。在柑橘类作物的害虫中，有一种叫"吹绵蚧（jiè）"。因为它的身体被一层坚实的"外壳"包裹着，所以又叫"介壳虫"。

我总觉得吹绵蚧不像虫子，它形状奇怪，附着在茎枝上吸食汁液、抢夺营养物质，还排泄出多余的营养成分。这些排泄物最后会变成黑色焦煤一样的物质，引发植物病害。

过去，美国的果园常常受到吹绵蚧的侵袭，但澳大利亚的情况却没有这么严重，要知道澳大利亚可是这种虫子的原产地，很不可思议吧。

美国的一位昆虫学家曾试想澳大利亚可能有吹绵蚧的天敌，导致吹绵蚧无法大量繁殖。最后，他发现了澳洲瓢虫。

他试着把这种瓢虫带回美国，放归到田地里，结果抑制了吹绵蚧的相关病虫害。这种像澳洲瓢虫一样能吃害虫的虫子，我们可称其为"生物农药"。

不过有的吹绵蚧对人类也有用处，比如原产于南美洲的扇状仙人掌上附着的胭脂虫。

自古以来，人们就利用这种虫子分泌的胭脂红色素来制作食用色素、口红等。和化学合成的物质不同，这种色素一般无毒。讨厌虫子的女孩子应该不知道，她们涂在嘴唇上的口红的成分可是来自虫子呢。

还有一种叫"紫胶虫"的介壳虫，从其体内提取的紫胶红色素被用于食品制作。另外紫胶虫分泌的紫胶也是上等的涂料，常被用在西式的高级复古家具上。

对农作物生长有利的瓢虫属于益虫，那么大口吞吃对人类有用处的吹绵蚧的瓢虫，就属于害虫了。

使植物生病的吹绵蚧
是害虫，吃掉它们的
澳洲瓢虫是益虫。

像棉花一样。

澳洲瓢虫

吹绵蚧

别看我外表
这样，我的
确是虫子。

吃害虫的虫子
被称作"生物
农药"。

去哪里了？

在这里。

扑哧

体液是红色的

胭脂虫

吃掉对人类有用
的吹绵蚧的瓢虫
就是害虫。

看起来好
美味啊。

紫胶虫

从这两种吹绵蚧体内
提取的色素，被用于
制作食品和化妆品等。

蚜虫① 奇妙的生活

你们在路边或是杂草丛中见过成群的蚜虫吗?

叶子上满满附着红色、绿色、黑色的粒状物,看着有点恶心。

有这么多蚜虫在吸取植物的汁液,植物才会虚弱生病。

用手指压扁蚜虫,指尖会变得黏糊糊的。从前日本的小孩子玩闹时会把这种黏黏的东西抹在头发上作头油,"油虫"的名字由此而来(日语中蚜虫写作"油虫")。

蚜虫在英语中被称作"蚁牛(ant cow)",意思是蚂蚁挤蚜虫的"牛奶"。蚂蚁会用触角拍打蚜虫的屁股发出信号,让蚜虫排出蜜露,之后上前舔食。

我原以为蚜虫是孤雌生殖,可又发现有翅膀的类型是正常进行交配,可见蚜虫的繁殖方式非常复杂。

蚜虫的天敌除了瓢虫,还有很多。为了种族延续,蚜虫需要不断繁殖,这样即便被吃掉,它们的数量还是一直在增加。这是蚜虫的群体生存策略,死去一两只不要紧,甚至完全不用在意。

一到冬天,蚜虫就不见了踪影,它们藏到树根下悄悄越冬。

其中生命力顽强的种类,一到温暖的季节就会从国外飞来。它们乘着气流被带到世界各地,之后继续繁殖。

蚜虫每一年都反复如此。

蚜虫很小，所以要在叶子背面仔细寻找。

把蚜虫压扁，指尖就像抹了油一样，所以在日语中蚜虫又叫"油虫"。

手上黏糊糊的。

蚜 虫

我们会吸食植物的汁液。

我是孤雌生殖……

突然出现了有翅膀的类型……

神奇的生态

咻

咻

密密麻麻

不论被吃掉多少，蚜虫的数量还是在不断增加。

有多少就吃多少。

狼吞虎咽

蚜虫有多种繁殖方式。

蚜虫

蚜虫② 幼虫的天敌

本小节就来讲讲瓢虫以外蚜虫的天敌吧。

首先是食蚜蝇的幼虫。食蚜蝇的幼虫头部前端很细，像蛆虫一样。

它们会"嗖"地一下将嘴扎进蚜虫的身体来吸食汁液。

千辛万苦从植物上吸取汁液的蚜虫好不容易把营养成分储存在体内，结果全被这些幼虫吸走。蚜虫变成了空壳，轻而易举就被消灭了。

吸食蚜虫的食蚜蝇幼虫渐渐长大，身体变得半透明。如果用放大镜观察，还能看见它们的消化器官在动，里面的营养物质也在移动。

仔细观察吧，大家可以把这个状态画下来，想画得正确就必须用心看。

吃了大量蚜虫的食蚜蝇幼虫渐渐变成了前端尖尖的、整体圆溜溜的蛹。

食蚜蝇在蛹中似乎发生了一次大的质变，但具体过程我还没有弄清楚。

一段时间过后，蛹的外壳破裂，羽化出一只黄黑条纹的、纤细的小蝇。

也许有人会说："什么嘛，原来是它。"

这种蝇很常见，经常在花间"嗡嗡"地飞，行动十分敏捷。它会在蚜虫的旁边产卵。

它们有时会停在空中，像直升飞机在空中悬停一样，十分醒目。必须每秒振翅千次，才能如此飞行。

很多以蚜虫为食的飞虫的构造都极为精细，人类是很难制造出如此精密的小机器的。

幼虫吃蚜虫长大。

蚜虫有很多天敌。

我在吸食蚜虫体内的汁液。

危险！蚜虫们，你们会被食蚜蝇幼虫吃掉的。

扑哧——

嗖——

啊~

食蚜蝇幼虫吃了大量蚜虫后渐渐变成蛹。

圆溜溜的，像蜗牛一样。

成虫在花间飞行。

空中悬停交给我！

嗡嗡——

蚜虫有很多，所以食蚜蝇能安心长大。

蚜虫③ **其他天敌**

　　蚜虫还有很多天敌。仲夏之夜，有时打开窗户会有绿色的虫子飞进来，这种虫子弱弱的，翅膀很薄。

　　它就是草蛉，英文名"green lacewing"，意思是"体呈绿色，长有蕾丝般翅膀的虫子"。

　　它看起来有点像妖精，眼睛有时发着金光，用放大镜仔细打量的话，会发现它的长相十分可怕。

　　草蛉会散发难闻的气味，所以人们也叫它"臭蛉"。

　　草蛉的卵上带有长长的"丝"，前端像小米粒一样的东西就是卵。

　　草蛉会把大量的卵产在叶子的背面。

　　卵壳裂开时就像花儿盛开一样，与传说中的"优昙婆罗花"类似。优昙婆罗花是佛教故事中的珍稀植物，传说3000年开一次花。

　　不久，"优昙婆罗花"中就长出了浑身带毛的幼虫。

　　草蛉幼虫的外观有点像恐龙时代的剑龙，它们在吸食完蚜虫的汁液后，就把蚜虫的空壳粘在背上。背着猎物尸骸的微型恐龙，想想就很厉害吧。

　　蚜虫太可怜了，不论如何繁殖，最后还是会被天敌们吃掉。

　　这么想其实是大错特错。

　　如果蚜虫繁殖过多，作为蚜虫食物的植物就会枯萎，所以蚜虫被消灭掉一部分，对人类来说是正合适的。也有人认为植物是通过分泌化学物质，以吸引虫子的天敌前来。所以说，虽然昆虫很厉害，但植物也不输昆虫呢。

蚜虫的天敌还有很多哦。

成虫身体细长，呈绿色，薄翼。

草蛉看起来柔弱，但却是肉食性的。

狼吞虎咽

因为天敌的存在，所以蚜虫无法过多繁殖。这真是大自然中神奇的平衡啊。

草蛉的卵与优昙婆罗花相似。

把吸完的蚜虫空壳背在背上。

外形就像剑龙一样。

晃晃 摇摇

救命！

草蛉幼虫也是蚜虫的天敌。

蚜虫

蚁狮① 巢穴之主

在寺院的外廊下面，或者凹陷的悬崖深处这种不易淋雨的干燥泥土里，有时会出现一个漏斗状的洞。这种洞穴明显不是自然形成的，而是一种生物建造的。

到底是何种生物建造的？让我们蹲下来，仔细观察一下吧。

这里是蚂蚁经常通过的地方。瞧，正好有只蚂蚁过来了。结果蚂蚁像脚滑了一样，掉进了漏斗状的洞穴中。

不妙啊。蚂蚁想往上爬，但脚下的泥土不断下滑，根本爬不上来。别说往上爬了，蚂蚁还在慢慢向下滑落。

洞穴斜面的角度非常巧妙，蚂蚁无论如何也爬不上来，惊慌失措。

而且，巢穴的正中央有什么东西在"叭嚓叭嚓"地丢土块，土块落在了蚂蚁身上。"沙沙沙……"蚂蚁浑身是土，滚落了下去。

巢穴之主的身姿闪现了一下，感觉是一只有着长长的大颚的怪物，比蚂蚁大得多。

向蚂蚁扬土的就是这个家伙，蚂蚁该是多么害怕啊。

蚂蚁不断下滑，束手无策，它浑身是泥，落进了洞穴的正中央。

最后，它的身体被恐怖的大颚扎入了。

换成人类的话，此时一定会哇哇大叫吧。

蚂蚁没有人的想象力，也许只是觉得"不妙，啊！不好，太滑了"。

对蚂蚁来说，这个处境如同地狱。

其实，这个巢穴之主叫作"蚁狮"。

那么，这个把蚂蚁拖进洞里的恐怖的蚁狮是……且听我慢慢道来。

在外廊下面干燥的泥土或沙土下，可以找到蚁狮。

蚁狮

蚁狮② 漏斗状的机关

我今天用铁锹把蚁狮连同整个蚁狮洞都挖了出来。

从泥土中现出身姿的蚁狮体长1厘米左右，颚很大，胖墩墩的。它的身体背部隆起，疙疙瘩瘩，很不平整。

我把它轻轻地放置在泥土上，不一会儿，它的屁股就钻进了土里。蚁狮很擅长钻土。

紧接着，蚁狮像画圆圈一样，一边倒退，一边用大颚扬起泥土。虽然我无法直接看见它的姿态，但通过隆起的土壤可以推断。

在蚁狮倒退画圈的过程中，圆圆的洞穴一点点变深了。

洞穴的中心尤其深，这个漏斗状的陷阱，即"蚂蚁的地狱"终于完工了。

之后蚁狮只需把大颚伸出泥土，等待猎物上门即可。

蚁狮的大颚前端尖尖的，内部像管子一样中空，前端分泌出的消化液，会通过大颚注射到猎物身上。等到猎物身体里的物质被溶解后，蚁狮就会"啾啾"地吸食，仿佛在吸食液态的营养餐。

如果把被吸光的猎物空壳搁置不管，就会妨碍下次的捕猎。

为避免发生此类情况，蚁狮会用大颚把空壳丢得远远的。

又小又轻的空壳，甚至能被丢出30厘米远。

如此一来，巢穴机关就打扫干净了。接着只要等待蚂蚁、潮虫、小甲虫们的再次失足。

蚁狮的漏斗状巢穴，真是非常巧妙的陷阱。

在爬行动物、鸟类以及智力发达的哺乳动物中，很少有动物能做出这么精妙的陷阱来捕捉猎物。

蚁狮做出了让人类都赞叹的绝妙捕猎装置。

蚁 狮

在地面上制造出漏斗状
巢穴捕获猎物。

我会溶解猎物身体内的物质，然后吸食它们。

原来做出这个精妙陷阱的虫子就是你啊。

大颚前端分泌出消化液。

把吸食完的空壳丢到外面。

噢

叭嚓

把巢穴打扫干净，等待猎物上门。

太碍事了！一边去，我不需要空壳。

蚁狮

你们觉得蚁狮钻入地下捕捉猎物的生活，能持续多长时间呢？

一周？或者两周？

不不，没那么短。其实能持续两年到三年，也就是一年级的孩子升到三年级或者四年级的时间。

蚁狮在这期间会蜕皮两次。蜕皮后，它会变得更强大，也会吃掉大量的猎物。

然后它继续潜藏在巢底，用嘴里吐出的丝线加固泥土，制作圆圆的虫茧。这个虫茧没有空隙，紧密严实而且坚硬。之后蚁狮就在虫茧里变成蛹。

也就是说，蚁狮其实是某种生物的幼虫。

成虫究竟会呈现怎样的形态呢？请大胆想象一下吧。会是像锹甲一样有大颚、又强壮的虫子吗？

我们来实际观察一下吧！

过了大约一周，成虫终于从蛹中羽化而出，像个黑黑的棒子，翅膀缩在背部。之后，成虫从洞穴中爬到周围的草茎上，慢慢展开了缩在背部的翅膀。

仔细看成虫张开的翅膀，如同雅致的蕾丝，呈现出和幼虫完全不一样的形态。原来，蚁狮就是蚁蛉的幼虫。

是那个很像蜻蜓、如同舞者一样优雅的蚁蛉……啊，什么?! 它竟然在这时，把从幼虫期起就积攒在肚子里的大便，"砰"地一次性全部排出来了。

原来，蚁狮在泥土里的时候一直没有排便。在变为成虫时，一次性把这两三年积攒的粪便全部排出。

人类将粪便排净后的瞬间会觉得："啊，太清爽了！"蚁狮羽化后排清宿便，变为姿态优雅的蚁蛉，飞向了空中。

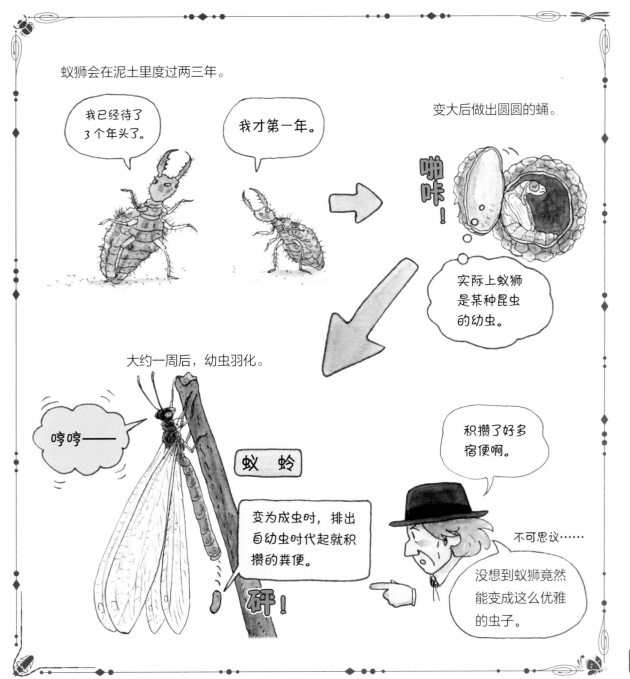

蚁狮④ # 幼虫的生活

我们已经知道了蚁狮是蚁蛉的幼虫。没想到，蚁狮以幼虫的姿态在泥土中度过的时间竟然有两三年之久。

比起成虫的生活，很多昆虫的幼虫时代反而更长。

大家熟知的蝉也是如此，蝉的若虫时代大约有五六年之久，而成虫只能活两周左右。蝴蝶、独角仙也一样。

为什么昆虫幼虫期的时长不同呢？

昆虫幼虫期的时长是由幼虫的生长速度决定的。如果昆虫在短时间内可以吃到大量猎物，那长大的速度就快，幼虫期就短；如果猎物少，幼虫就只能挨着饿，慢慢长大，幼虫期也相应变长。

肉食性昆虫和植食性昆虫不同，植食性昆虫直接食用身边的草叶即可，想吃就吃，应有尽有。但肉食性昆虫就不一样了，猎物并不是想吃就能吃到，捉不到猎物只能忍受饥饿。

即便做了漏斗状的巢穴，但没有蚂蚁、潮虫掉进去，蚁狮就得饿肚子。

它们的生活就像等着天上掉馅饼一样，全凭运气。

所以肉食性昆虫通常比较耐饿，即便一段时期内找不到食物也不会饿死，可后果是成长期较长。

两年，三年，在这么长的时间内一动不动地等待猎物，虫子不会无聊吗？

如果人类在童年时期只能静静等待猎物，会很讨厌小时候吧。

产生这种差异的原因在于思维。

人类在等待的时候总会焦虑不安，但虫子什么都不会想，所以无论何时都能平心静气地等待。

大多数昆虫的幼虫时代都比成虫时代长。

很多昆虫都是这样。

你也是？

没错！

蚁蛉的幼虫（蚁狮）为了得到猎物，只有一心等待。

危险！

一直等待

恐怖！

只有人类会感到无聊吗？

好想快点儿抓住蚂蚁。

吃的猎物越多，长得就越快！

我无聊的时候会看书。

蚁狮⑤　名字的由来

在中文里，带有"蛉"的昆虫有草蛉、蚁蛉、鱼蛉、泥蛉、螳蛉等。

而在日语中，名字带有"蛉"的昆虫大致可分为三种，即草蛉、蚁蛉和蜉蝣（日文写作"蜻蛉"）。

蜉蝣不属于蛉（脉翅目），为什么也被称作"蛉"呢？

原来，日语中"蛉"的名字都源于昆虫的飞行方式。在天气晴好的春日，有时会在堤坝之类的地方看见地面上方的空气晃动，水雾缭绕。这种现象称为"阳焰"，在日语中和"蛉"的发音相同，所以日语中把飞得摇摇晃晃的虫子叫作"蛉"。

在讲瓢虫的那章，我曾提及过草蛉，而蚁蛉是此前说过的蚁狮的成虫。

我抓了一只蚁蛉仔细观察。它的身体细长，外表看似柔弱，实则非常强壮。脸长得有点恐怖，显出一副"我是肉食性动物"的样子。但作为成虫的蚁蛉，不会再像幼虫时期那样"嘎嘣嘎嘣"凶猛地吃东西了。

顺便一提，在英语和法语中，蚁狮的意思是"对蚂蚁来说是狮子"，它确实相当强悍。

其实在蚁蛉科昆虫中，有些种类的幼虫并不做巢穴，而且这些种类是大多数。筑造漏斗状巢穴的种类，似乎是蚁蛉科昆虫进化后才出现的。

不筑造巢穴的蚁蛉，幼虫大部分生存在泥沙下面。也有奇怪的家伙，比如日本树蚁蛉的幼虫是藏身于长着苔藓的岩石上。当它们发现蚂蚁、潮虫、蚰蜒（yóu yán）等比自己弱小的虫子经过时，便会瞬间飞起捕获猎物。

蚁狮不愧是"虫子中的狮子"，就是厉害。

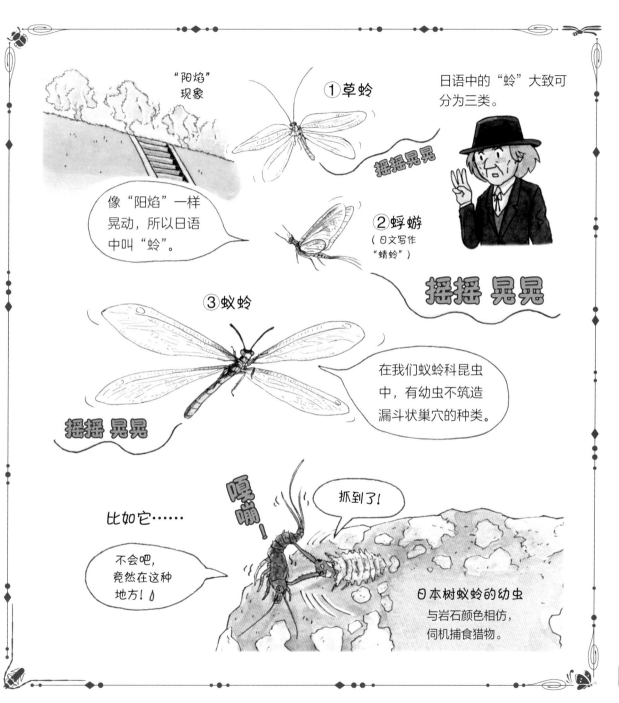

"阳焰"现象

①草蛉

日语中的"蛉"大致可分为三类。

摇摇晃晃

像"阳焰"一样晃动，所以日语中叫"蛉"。

②蜉蝣
（日文写作"蜻蛉"）

摇摇 晃晃

③蚁蛉

在我们蚁蛉科昆虫中，有幼虫不筑造漏斗状巢穴的种类。

摇摇 晃晃

比如它……

嘎嘣！

抓到了！

不会吧，竟然在这种地方！

日本树蚁蛉的幼虫与岩石颜色相仿，伺机捕食猎物。

蚁狮⑥　奇怪的近亲

蝶角蛉是蚁蛉的近亲，它的幼虫不潜藏在土里，但形态与蚁狮十分相似。

蝶角蛉的外表很像蜻蜓的头上长了长长的触角。所以，时不时就会有人跑来兴奋地对我说："你看，我抓住了新种类的蜻蜓！"

蝶角蛉和蜻蜓不同，它的幼虫是在地面上爬行，而不是在水里。蜻蜓的稚虫水虿（chài）是在水中生活的。

当我对抓住蝶角蛉的人这样解释后，他们失望地说："什么嘛，我还以为是什么稀罕的虫子呢。"

同一科的黄花蝶角蛉，翅膀是黄色的，看着有点像蝴蝶。它在空中是按照一条直线来回地飞，飞行方式十分奇怪。

说到奇怪的虫子，在蚁蛉、草蛉的近亲中，有种叫"螳蛉"的虫子。

这才是稀有的虫子。螳蛉的形态虽然像草蛉，但前足和螳螂一样呈镰刀状，所以叫作"螳蛉"。

螳蛉会用镰刀似的前足捕捉小虫子，然后大口吞食。它的头部和螳螂也很相似，双眼大大的，嘴巴尖尖的，长着一副肉食性昆虫的脸。

螳蛉更厉害的地方，在于幼虫的生长方式。

螳蛉基本上是到处产卵。从卵中孵化出来的幼虫四处乱爬，如果遇见蜘蛛，就爬到蜘蛛身上，然后等待蜘蛛产卵。

等蜘蛛产下卵，螳蛉的幼虫就会钻进蜘蛛的卵块里，大口吃掉营养丰富的蜘蛛卵。它们吃饱后会开始做虫茧，在茧里面变为蛹。

即便螳蛉生出很多幼虫，但如果幼虫长期找不到蜘蛛卵，幼虫的生命也就终结了。可以说，螳蛉的一生就像买彩票一样。

在蚁蛉、草蛉的近亲中有一些行为很奇怪的种类。

蝶角蛉

又被错认为是蜻蜓了。

我是蝶角蛉！

这不是蜻蜓。

什么嘛，我还以为是新种类的蜻蜓呢。

失望

黄花蝶角蛉

我没有獠牙哦！

雌螳蛉

大口吞食

如果遇不到蜘蛛就无法长大……

螳蛉变为成虫很不容易，就像中大奖一样！

好残忍

终于遇上蜘蛛了！

啪咔

螳蛉的幼虫附在蜘蛛的背上，靠吃蜘蛛卵长大。

蚁狮

西班牙粪蜣螂① **吃粪便的虫子**

在我居住的法国南部，有一种叫西班牙粪蜣螂的"食粪虫"。"食粪虫"即蜣螂，不论幼虫还是成虫，都以吃牛羊的粪便为生。蜣螂大致可分为两类：一类以树叶为食，属于植食性昆虫；另一类以动物粪便为食，属粪食性昆虫。

西班牙粪蜣螂是日本粪蜣螂的亲戚，它们的外表和行动方式都十分相似。名字中有"西班牙"，就是因为在西班牙更为常见。

西班牙粪蜣螂的头部有一个长长的、十分显眼的角，前胸背板凹陷，像是用小刀挖去了一部分。

每当它钻进粪便里，这个凹陷的地方就会积攒粪便，看起来很碍事，但对它并没有什么影响。

它的足部是什么形状呢？我们把它和食粪虫的代表"圣甲虫"比较一下吧。

圣甲虫俗称"屎壳郎"，因为它们总在推滚动物的粪球。

圣甲虫的前足如同长锯，边缘呈锯齿状。有了这样的前足，从粪堆上切出粪球就很方便了。

与此相对，西班牙粪蜣螂的前足就很短，显得比较寒碜。

后足的长度更没法比了。圣甲虫的后足不仅很长，而且微微弯曲。

为什么会有这样的不同呢？

原因在于圣甲虫是用后足去推滚粪球，而西班牙粪蜣螂没有这样的习性。西班牙粪蜣螂会在粪堆正下方的地面挖一个竖直洞穴，然后把粪便一点点搬到里面去。它会在洞里大口大口地吃，直到把地面上的粪便吃个精光。

既然它不用切粪球，又不用滚动搬运，那腿短也就没关系了。

西班牙粪蜣螂

在西班牙有很多大黑蜣螂。

圣甲虫

俗称"屎壳郎"。

要和圣甲虫比吗?

头上有角
(雌虫的短)

深深凹陷

前足、后足都短。

体态圆润。

头部就像带锯齿的铁锹。

前足像长锯。

用长长的后足推滚粪球。

西班牙粪蜣螂在粪堆的正下方挖洞,然后把粪便运到里面吃。

骨碌骨碌

滚到洞里慢慢吃。

我要开吃了!

同样是食粪虫,没想到一比较竟如此不同。

西班牙粪蜣螂② "粪便面包"

西班牙粪蜣螂到了5月的产卵期就开始寻找粪便，为产卵做准备。比起平时自己的食物，它们更倾向于选择营养丰富、质量上等的粪便。

为了抚养即将出生的幼虫，它们对粪便的质量相当挑剔。

找到中意的粪便后，它们会在粪便下方挖一个深深的洞穴，并在穴底建造一个大大的房间，然后把粪便运到房间。

此时的雄虫和雌虫会合力工作。

它们齐心协力把地上的粪便一点点运到地下的房间。等粪便存量足够了，雄虫便离开房间，只有雌虫留下来。

被运到房间里的粪便变成了什么样呢？既然是一点点运过来的，应该是乱七八糟的一大堆粪块吧？

不，结果出人意料！压根儿没有乱七八糟，那些散乱的粪块都被揉捏成一个"大面包团"，是雌虫用足把无数个散碎粪块揉成了一整团。

雌虫爬在面包团上，这里拍拍，那里敲敲，将凹凸不平的地方打磨得十分光滑，它让我联想到了面包师傅。雌虫的这项工作至少持续了一个星期。

面包师傅把水、酵母菌加到面粉里，揉好面团后不会立即烘烤，而是把面团醒发一段时间。西班牙粪蜣螂也是一样，需要等待粪便"面团"发酵，这样"粪便面包"才会变得蓬松柔软。

等"面团"充分发酵后，雌虫便把"面团"切成小块，揉成圆团，开始制作用于产卵的粪球。

雌虫孜孜不倦地用它那短短的、笨拙的足，反复爬上爬下、拍拍压压，慢慢把粪块加工成球体。

两天过去了，圆滚滚的粪球终于做好了。

到了 5 月，雄虫和雌虫会寻找质量上等的粪便为产卵做准备，然后把粪便运到地下的房间。

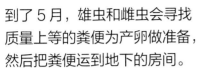

老公加油！

一二一，加把劲儿。

忙忙碌碌

刺溜刺溜

雌虫和雄虫齐心协力，干活儿确实快！

两倍以上的效率。

雌虫把粪便揉成"面团"并等待它发酵，这项工作至少持续一周。

要变得美味哦。

用力

细腻光滑

再从"面团"上切出粪块，做成圆球。

骨碌碌

西班牙粪蜣螂③ **雌虫的工作**

做好粪球的西班牙粪蜣螂雌虫会爬上粪球的顶端，在上面做出一个浅浅的火山口一般的洞穴。它依旧用小短足"骨碌碌"地推压，然后在其中产卵。

产完卵后，雌虫会刮削"火山口"的边缘部分，制作圆形的"屋顶"覆盖住卵。雌虫偶尔会暂停工作，观察里面的卵是否完好，然后继续谨慎地工作。

如此一来，圆圆的粪球就成了上尖下圆的蛋形，尖尖的部分就是虫卵的孵化室。这项作业大概要花费两天。

雌虫像一个技术高超的面包师傅，依次反复，又做出了3个或4个几乎同样大小的卵球。

雌虫从5月初就抱着粪便钻入地下，专心制作"育儿粪球"，从未离开过洞穴。即便到了酷热难耐的暑季，它依然一动不动地守护在卵球旁边，不吃不喝。

从卵球里孵化出来的幼虫，一张嘴便能吃到父母为它准备好的粪便美食，慢慢长大，变得圆滚滚的。

吃光美食的幼虫蜕皮后就成了蛹，有着琥珀一样的蜜色。幼虫会睡上一段时间，在这个时期它的身体结构会发生巨大的变化，软软的幼虫变成了甲虫。

9月份的秋雨湿润了大地，地面下的卵球也变得柔软。此时，西班牙粪蜣螂已经羽化，成虫终于破球而出。

在将近4个月的时间里，雌虫一直在黑漆漆的地洞里守护着卵球，现在它终于可以和长大的孩子一起看看外面明亮的世界了。

在昆虫的世界，变为成虫的孩子很少有机会能见到父母。不过，见到孩子平安羽化为成虫的雌虫，似乎并没有那么激动呢。

雌虫在圆粪球的顶端做了
浅浅的洞穴并产卵。

然后雌虫用圆顶覆盖住卵，
粪球成了蛋形。

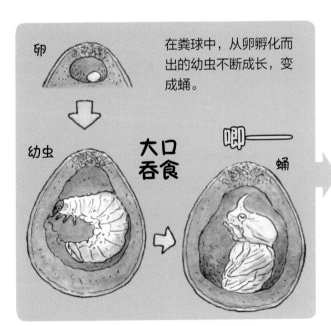

到了9月，羽化后的成虫破球而出，
和妈妈一起来到外面。

西班牙粪蜣螂④ **卵球的保养**

现在我们已经知道了西班牙粪蜣螂的雌虫会照顾卵球长达 4 个月的时间。

如果雌虫不照料卵球，卵球会变成什么样呢？

还是实验出真理，说做就做。

我从一只雌虫做的 3 个粪球中，取出 2 个放进了铁罐头盒里。

还不到一周，粪球上已经披上了一层霉菌、苔藓类的东西。这么继续搁置不管，粪球的营养迟早会被霉菌和苔藓吸光，大事不妙啊。

不过，当我把一个粪球返还给雌虫后，不到一个小时，粪球完全变干净了。这是雌虫清扫的。

这次我用小刀稍微削去了粪球的尖端，露出了里面的虫卵。会不会有点过分了？这样虫卵有可能因干燥而死。

雌虫当然没有置之不理，她立马着手修补起来。

只见雌虫把我用小刀削去的地方从四周收拢到一起，并黏合了起来，真是心灵手巧。

刀痕被完美地修复了。雌虫暂时放心了，卵是安全的。

由此看来，西班牙粪蜣螂的雌虫相当重视卵球。所以无论经过多久，卵球的外表都保持如初，好比照料得当的田地不会生杂草一样。

也许是因为照料每一个卵球都要付出莫大的精力，所以西班牙粪蜣螂的雌虫最多能做 4 个卵球。在昆虫界，这个数量算是相当少了。

与能产 4000～5000 枚卵，但大半数都会死掉的斑蝥（máo）等昆虫不同，西班牙粪蜣螂的卵几乎都可以平安变为成虫。看来，昆虫的生存战略各有各的妙处呢。

实验①

取出的卵球不到一周就长满了霉菌和苔藓。

一返还给雌虫，不到一小时，卵球就完全干净了。

粪球营养丰富

不过……

我不会让你发霉的！

要弄干净！

骨碌碌

实验②

用刀子削去一点，露出卵之后，雌虫会立马修补。

这种虫子虽然产卵少，但每一枚都被精心照料。

费力

你竟然做了这么过分的事！

我必须马上修复。

而有的虫子却能产几千枚卵……

西班牙粪蜣螂⑤　粪便 "面团" 的实验

据我观察，西班牙粪蜣螂的雌虫最多会做 4 个卵球，在野外大多是做 2 个或 3 个。

制作 4 个卵球就已经把房间塞得满满当当，再也塞不进其他的了。

如果扩大房间，并准备好充足的粪便，雌虫会怎么样呢？它会继续做大量的粪球、产大量的卵吗？

我立马开始实验。

一只雌虫已经在广口瓶中做完了 4 个卵球，我把这些卵球全部取了出来。

粪便材料已经没有剩余，于是我决定给它提供粪便。

我取来上等的羊粪，用裁纸刀揉拌好，做成 "面团" 的样子给了雌虫。

雌虫似乎很喜欢我给的材料。

它立马着手工作，做了 1 个粪球后又产了 1 枚卵。

如此反复，最后它又做了 3 个粪球，分别在里面产了卵。加上前面我取出的 4 个，这只雌虫妈妈一共做了 7 个卵球。

我揉拌好的粪便 "面团" 还有剩余，但雌虫没有再做粪球，而是大口大口地啃咬起来。

原来如此，我明白了，想必是它肚子里没有卵了吧。

最初做好的 4 个卵球被取出后，房间出现了空余，再加上还有我揉拌好的材料，所以这只雌虫是把肚子里所有的卵都产出来了。也就是说，只要有材料，雌虫妈妈大约能产出 7 枚卵。

不过，做好的卵球被拿走，又得到新材料这种事在野外是不可能发生的，所以通常情况下雌虫不会做出这么多卵球。

把卵球全部取出。

雌虫最多做 4 个卵球，但如果有更多的粪便材料，会怎么样呢？

开始实验吧！

我揉拌好了。

放入新"面团"。

IN

OUT

圆润柔软

雌虫又做了 3 个卵球。

它开始吃剩余的粪球，这是因为已经没有卵了。

只要有粪便材料，就能产约 7 枚卵。

大口吞食

我肚子饿了。

这次我来做另一个实验。我用粪便做了个蛋形粪球，给了另一只西班牙粪蜣螂的雌虫。

我做的"假球"足够以假乱真，至少我这么认为。它和真品的大小、形状几乎完全相同。

我把这个"假球"和雌虫做的卵球放在一起，"真球"里面是有卵的。

雌虫会如何对待我做的"假球"呢？

过了两天，我心想差不多了，便悄悄地偷窥了一下，结果大吃一惊。

雌虫竟爬上我做的"假球"，用短足压出了产卵的凹坑。

虫子是如何看穿的？它怎么知道"假球"里面没有卵呢？

我反复做了多次实验，但结果都一样。明明外观如此相似，雌虫还是能一眼分辨出真假。

只有一次，雌虫吃掉了我做的"假球"，它一定是饿极了。

但是，它也是在知道"假球"里没有卵的前提下才吃的。雌虫究竟是如何分辨的呢？我完全想不出来。

既然人类做的"假球"骗不到雌虫，那其他蜣螂做的呢？我取来了圣甲虫推滚的粪球，把它给了西班牙粪蜣螂，这样很自然了吧。

结果却是一样。

它不是在假球里产卵，就是直接吃掉。

雌虫怎么会知道里面没有卵的呢？是味道不同，还是利用短足推压时的触感不一样呢？

到目前为止，这依然是个谜。关于虫子的超能力，还有许多谜题等待人类去解开。

昆虫真的太厉害了！

雌虫会在"假球"上做凹坑产卵。

接着做实验吧!

怎么样,我做得很逼真吧?

这个球里没有卵。

那个才是我做的真正的卵球!

即便给的是圣甲虫的粪球,雌虫也立刻看穿里面没有卵。

这里也没有产卵。

骨碌碌

那是我的!

究竟是如何分辨出来的?

昆虫真是厉害!

幼虫实验

这次我们把目光转移到幼虫身上吧。西班牙粪蜣螂的幼虫尾端很平，像铲子一样，和同为食粪虫的圣甲虫一样。

圣甲虫的幼虫在粪球上开洞时会用自己的粪泥来补抹，再用尾端的"铲子"把粪泥涂抹干净。

西班牙粪蜣螂的幼虫想必是一样的，我们来测试一下吧。

我把铅笔插入还没有产卵的粪球，开出一个深1厘米左右的洞，然后把刚出生的幼虫放入。

如果卵洞没有"屋顶"，粪便很快就会变干而不能食用，这就难办了。而且幼虫的肚子里没有能用来修补的粪泥，因为它刚出生，什么都没有吃。

谁知幼虫竟然用足和大颚从周围的墙壁上刮取粪便碎渣，一点点堆积在屋顶的边缘。

幼虫抓住这段时间赶紧吃粪球，把修补材料积存在肚子里。

渐渐排出粪泥后，幼虫就用尾端的"铲子"开始加固刚才的"屋顶"，很是灵活呢。

接下来，我打算用中等大小的幼虫来测试。

这次我用刀子把里面有幼虫的粪球开了个小孔。幼虫已经开始吃粪球了，所以立马拉出了粪泥。

不过它的粪泥太稀软了，无法黏合，像水一样流走了。如此拉了又流，流了又拉，幼虫一直在做无用功。

刚出生的幼虫明明还会刮墙壁来搭建"屋顶"，但长到中等大小的幼虫好像想不起来怎么做了。

最后它花费了老半天，才补住了洞口。长大后几乎就忘记了小时候的本领，真是不可思议啊。

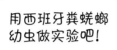
用西班牙粪蜣螂幼虫做实验吧!

骨碌碌

实验①
把刚出生的幼虫放进了开有洞的粪球上。

嘿哟嘿哟

要建好"屋顶"。

滑溜溜

把周围的粪便碎渣堆积在洞的边缘。

幼虫在吃过粪球后,用排出的粪泥修补。

实验②
用刀子给长到中等大小的幼虫的粪球开孔。

你在做什么?

咔啦

小时候能做到的事,为什么长大后做不好了呢?

用软软的便便修补吧!

滑溜溜

费力

这只中等大小的幼虫不去堆积粪便碎渣,却花了半天,一直用软软的粪泥来堵住洞口。

西班牙粪蜣螂

西班牙粪蜣螂⑧ # 食粪虫的工作

这一小节我来讲讲热带的巨大食粪虫吧。

有大型动物的地方就有大型的食粪虫，是不是很有意思啊？

吃大象粪便的南蛮大黑蜣螂就是非常大的甲虫，有日本的独角仙那般大。

想象一下非洲大草原的广袤风光吧。几十头大象、几千头牛羚为寻找新的草地和水源而进行大迁徙，多么壮观啊。

大型的植食性动物在食用草木树叶后，自然会排便。

你知道一头成年非洲象一天会排多少粪便吗？可不是只有一两公斤，它们排出的粪便简直像座小山。

这些粪便之后会怎么样呢？

到了傍晚天暗下来的时候，大量的食粪虫便聚集在一起。有大型种、中型种、小型种，它们"嗡嗡"地拍打着翅膀，振翅声十分喧闹。

"粪山"转眼间便缩小了，过了20分钟，被吃了个精光。

也有犀鸟、鹳、獴等鸟兽前来捕捉食粪虫。在非洲，大多数食粪虫是夜行性的。因为鸟儿们多在白天觅食，这对于食粪虫来说太危险了，所以它们会在夜间活动。

大象、羚羊的粪便转眼之间就会被食粪虫打扫得干干净净。

顺便一提，我的家乡法国南部在几千年前曾是森林地带，后来人类伐光了树木，转而开辟牧场和农田。

从前，未被人类驯化的绵羊的祖先在山地生活，而牛的祖先在森林生活，数量并没有那么多。

在人类开始饲养牛羊后，它们的数量不断增加，食用牛羊粪便的甲虫也随之增加。食粪虫清理了粪便，净化了自然，自身也得以繁衍壮大。

西班牙粪蜣螂⑨　大自然的平衡

多亏食粪虫吃掉了大型动物的粪便，草原才能保持纯净秀美。

如果没有食粪虫，大草原会变成什么模样呢？

让我们来看看澳大利亚和新西兰的情况吧。

这两个国家的草原上，从前只有袋鼠这种排泄少量粪便的动物。

后来人们从欧洲带来了大量的牛和羊，它们排出的粪便又多又黏，所以喜欢食用袋鼠粪便的虫子们不会去吃牛羊的粪便。渐渐地，草原被粪便覆盖，难以生长新草。

没有虫子吃掉粪便，导致每年有大量的牧场荒芜。

而且堆积的粪便里生出了牛虻（méng），它们会刺入家畜的身体吸食血液，扩散传染病。

干燥的粪便还会变成黄色的粉末，风一吹就四处飘扬。

有人曾开玩笑说，当年英国女王访问澳大利亚时，在飞机的舷（xián）梯上一直挥手，除了在道别，还在赶蝇子。

于是，备受困扰的当地人决定从非洲和东南亚引进食粪虫，放养在牧场上。

可从外国引进大量的活体昆虫，以后会不会过量繁殖而引发灾害呢？谁也不知道。

人们花费了很长时间慎重地研究这些食粪虫是否携带病菌病毒，确定无害后才把它们放养到野外。

现在澳大利亚和新西兰的牧场靠着食粪虫清理了大量的粪便，并成功抑制了由粪便引发的病虫害。

归根到底，发生"粪灾"的原因在于人类把牛和羊带到了它们本没有生存过的土地上，破坏了当地的生态平衡。

人类不应该打破自然界的平衡。

法布尔老师出生在法国南部的小村庄——圣莱昂。现在的法布尔故居附近，还保留着老师当年生活的风貌。

菩提树

故居入口的法布尔铜像

铜像和博物馆

教堂

法布尔在少年时代经常在此玩耍的
"有小鸭子的池塘"

54

西班牙粪蜣螂（雌虫）

　　每到夏季，我会到牧场上挖食粪虫。找到地面上有点隆起的地方，一挖就有！照片中的西班牙粪蜣螂的雌虫在守护有幼虫的粪球。

在粪球里的幼虫

有食粪虫的牧场

粪球旁边的成虫（雌虫）

挖出了粪球

55

< 法布尔老师观察过的食粪虫 >

圣甲虫

➡ P36 西班牙粪蜣螂

此种类的代表。

雌虫　　　　雄虫

西班牙粪蜣螂

➡ P36 西班牙粪蜣螂

长有一根威武有力的角。
雄虫角长，雌虫角短。

雌虫　　　　雄虫

提丰粪金龟

➡ P84 提丰粪金龟

长有三根角。

台风蜣螂

➡ P36 西班牙粪蜣螂

法布尔老师观察过的种类，
当时被认作圣甲虫。

< 世界各地的食粪虫 >

帝王彩虹蜣螂

➡ P36 西班牙粪蜣螂

产于南美的彩虹蜣螂的
代表种类。

彩虹蜣螂（绿色）

➡ P36 西班牙粪蜣螂

产于南美，也有红色的。

精灵彩虹蜣螂

➡ P36 西班牙粪蜣螂

产于南美。头部的角上和
背部都有装饰。

弗雷伯伦大黑蜣螂

➡ P36 西班牙粪蜣螂

产于非洲，漂亮的食粪虫。

赤背南蛮大黑蜣螂

➡ P36 西班牙粪蜣螂

产于非洲的赤背南蛮大黑
蜣螂都很大。

帝王南蛮大黑蜣螂

➡ P36 西班牙粪蜣螂

产于泰国，是世界上体形
最大的食粪虫。食用大象
的粪便。

模仿叶子的蝴蝶

昆虫有很多恐怖的敌人，猿猴、鼹鼠、蜥蜴、蛙、肉食性昆虫、寄生蜂……

但最恐怖的还是鸟类。鸟类不仅眼睛锐利，还能飞翔，不管它们停在树梢还是在空中，只要看见昆虫就不会放过。

所以昆虫平时都很小心，或是轻轻地跳跃，或者"啪嗒"一声落在草丛中，尽量以不显眼的姿态隐藏起来。

还有许多昆虫为了避免被敌人发现，变成和树叶、树皮相似的颜色和形态。

枯叶蛱蝶就是一个很好的例子。

枯叶蛱蝶是生存在日本冲绳、中国台湾和东南亚地区的蛱蝶。它的翅膀张开呈现蓝色或橙色，十分漂亮；而当翅膀一合拢，就呈现浅茶色，和枯叶非常相像。

有时我会在深暗的树林中碰见色彩华丽的枯叶蛱蝶，正要仔细瞧一瞧时，它又突然消失了。

只要一停在树干上，枯叶蛱蝶就会融入周围的环境。

它的翅顶和翅尾尖尖的，翅形及斑纹都似枯叶，在停留的时候低垂着头，像是快要从树枝上落下。如此一来，鸟类、蜥蜴等捕食者就难以发现它们了。

相反地，也有一些昆虫外表鲜艳醒目，仿佛在大声宣示自己有毒一样。蜂、蛾的幼虫就是常见的例子。

还有一些昆虫会模仿有毒昆虫的姿态，明明没有毒性，却伪装成有毒的样子。

像这样，一种生物模拟环境中的其他物体或生物的形态从而获益的现象就是"拟态"。拟态昆虫会用各种方式来逃避敌人的捕捉。

接下来我们就来看看有趣的拟态昆虫吧。希望大家能认真思考一下，拟态真的奏效吗？

拟态昆虫② **叶䗛**

上一节介绍了翅膀形似枯叶的枯叶蛱蝶，其实也有全身都像树叶的虫子。

这种虫子叫叶䗛（xiū），生活在东南亚，它的翅膀、足、腹部都与树叶很相似。

叶䗛的种类不同，形态也各异。有的叶䗛能伪装出叶子被虫子啃咬后的痕迹，有的叶䗛的翅膀上带有叶脉一样的细小纹路。

在树叶苍翠的雨季出现的叶䗛，身体呈绿色；在满是枯叶的旱季出现的叶䗛，身体呈褐色。

仔细观察停留在树梢上的叶䗛，只见它两个前足伸展在前，紧紧贴在头的两侧。前足的根部贴合着头部，形状凹陷，和树叶十分相似。

叶䗛白天不爱动弹，会静静地待在树叶上。到了晚上，它就开始狼吞虎咽地吃起树叶，看起来就像树叶在吃树叶。

它的生活状态是能不动就不动，节约体能，悠闲度日。

前面提及的枯叶蛱蝶，以及本小节的叶䗛都是通过模仿树叶的形态来藏身的，这种模仿行为在生物学上被称为"隐蔽拟态（mimesis）"。"mimesis"在词源希腊语中是"模仿"的意思。

热带丛林中最多的便是树叶，所以叶䗛通过模仿树叶得以生存。

不过，刚才讲的和树叶相像、不爱动弹的叶䗛是雌虫。

叶䗛的雄虫和雌虫的形态全然不同。雄虫又小又细，透明的翅膀薄薄的，可以轻松地飞翔。

雄虫会不停地飞来飞去，寻找树上的雌虫。如果遇不见雌虫，无法繁衍后代，它们也就灭绝了。但是，飞来飞去的雄虫常常会被鸟类发现并吃掉。即使危险，但是为了子孙后代，雄虫也只能努力飞动。

模仿其他动植物体或非生物体的形态来藏身的行为叫作"隐蔽拟态"。

在热带雨林中模仿树叶是最安全的。

雌虫

叶䗛
生活在东南亚。

我全身都是绿色的。

我很像枯叶吧。

雌虫

飞动

雄虫

终于找到雌虫了。

飞动

摇摆的竹节虫

扁扁平平的叶䗛像一片树叶，而有种虫子像细长的竹枝，它就是竹节虫。

全世界只有东南亚等热带地区有叶䗛，但竹节虫不仅生活在热带地区，在日本、法国也有分布。日本、法国的竹节虫体形较小，而热带的大型竹节虫，体长能超过30厘米。

仔细观察这种停留在树枝上又大又长的虫子，只见它两只前足直直地伸向前方，身形显得格外细长。

此时，它的前足跟部完全贴着头部的凹陷处，姿势和叶䗛一样。

其实，叶䗛也是竹节虫的一类。

一般的竹节虫没有翅膀，不过有一种长角枝䗛有翅膀。

长角枝䗛的翅膀很短，与其说它的翅膀是为了飞翔，倒不如说是用来恐吓敌人的。当敌人要吃掉它时，长角枝䗛的翅膀便"啪"的一声张开，吓退敌人。

生活在新几内亚岛的长角枝䗛有30厘米长，它张开翅膀后，可以像滑翔机一样从树上飞下来。张开翅膀的长角枝䗛，很像生活在当地并且以同样方式飞行的飞蜥，这种相似是为了防敌演变而来的，还是偶然出现的呢？

新几内亚人会用火烘烤长角枝䗛，然后把它们"嘎嘣嘎嘣"地吃掉。

竹节虫是孤雌生殖，雌虫产下的卵不经过受精也能发育成子代。

它们在树上产卵，之后卵会"啪嗒啪嗒"散落在地上。这些卵很像植物的果实和种子，因此竹节虫的拟态从卵就开始了。

去观察竹节虫吧，看着它们像树枝一样随风摆动，摇摇晃晃行走的样子，很有趣哦。

前面讲的枯叶蛱蝶、叶螬、长角枝螬等，都是稀有的昆虫。它们一般生活在热带雨林，我们很难见到。

其实我们身边就有很多拟态昆虫。先去河滩看看吧，城市近郊的河滩多多少少还保留着大自然的痕迹。

走进满是小石子的河滩，突然有东西在我的脚边跳来跳去。

是菱蝗。它太小了，颜色又和小石子一样，我根本没注意，但它们早就注意到我了。

因为在菱蝗眼里，人类就像大怪物一样，"咚咚咚"地在地面上踩来踩去。

菱蝗像用镜子看过自己似的，清楚地知道自己呈褐色或者灰色，隐藏在和自身颜色相近的地方。

接下来走进草丛里看看吧。我刚踏入草丛，就有东西"啪啪"地飞走了。

是亚洲飞蝗，它瞬间飞了约 20 米远。

啊，这次是中华剑角蝗！三角状的头显出一副憨态可掬的样子，竟老老实实地停留在原地。

乍看之下，草丛里什么都没有，这些昆虫隐藏得很好呢。

但只要你静静地待上一会儿，就会发现露螽、黑蝗正趴在草叶上，屏息观察着你。

混杂于草木中的蝗虫除了绿色的，还有褐色的，它们在模仿枯叶和枯茎。

安静地置身于大自然，绷紧神经，不仅能看见各种虫子的姿态，还能听见它们的叫声。你们听，黄脸油葫芦开始鸣叫了，"咕噜咕噜""吱吱"……

名为"陶壶碎"

在日语中，有种虫子名叫"陶壶碎"。

据说很久很久以前，有个农夫在田地里劳作，不一会儿他渴了，想喝点儿茶水。

农夫用水壶烧开了水，又把茶叶放进一把带有提手的陶壶并倒入热水，泡好茶后就把茶水倒入了茶杯。

接着，农夫想把暂时不用的陶壶挂起来，环视一圈后，正好发现身边伸着一根树枝。他想着"这里正好"，就把陶壶的提手挂在了树枝上。"咦？"谁知树枝突然弯曲，陶壶掉在地上碎了。

原来那不是树枝，而是一种模仿树枝的虫子——灰尺蛾的幼虫。

灰尺蛾属于尺蛾科，尺蛾科还包括褐纹大尺蛾和桑尺蠖（huò）等。

无论是停留方式，还是颜色、形状，灰尺蛾的幼虫都和树枝十分相似，以至于让人想把陶壶挂上去。然而实际一挂，陶壶马上掉下来摔碎了，"陶壶碎"的名字由此得来。

在蛾类中，也有成虫和枯叶相似的种类。其中模仿得最成功的就是一种舟蛾——核桃美舟蛾。

当这种蛾停留在满是枯叶的杂木林中时，不管眼睛多么锐利的人，也识别不出它在哪儿。

它的模样十分立体，像是两侧卷起的榉树叶。但仔细一看，就会发现并不是树叶。

另外像枯叶蛾静止时，尾部就像两片有锯齿边缘的枯叶重叠在一起；而栎掌舟蛾在爬行时，就像一小节被截断的圆圆的小树枝在滚动。

藏身于树皮中的蛾类数不胜数，如果白天在杂木林里细心观察，你一定会有所发现。

很久以前，有个农夫把灰尺蛾的幼虫错认为树枝……

唢？

这里正好有根树枝，把陶壶挂上面吧。

喂

挂在我身上可是会摔碎的哦！

那是虫子！

在杂木林细心观察，就会发现枝叶上隐藏着各种各样的蛾。

枯叶蛾

枯艳叶夜蛾

核桃美舟蛾

壶夜蛾

栎掌舟蛾

拟态昆虫⑥ **故意引起注目**

前面讲过的枯叶蛱蝶、竹节虫都是通过模仿草木隐藏自己的拟态昆虫，而本节要讲的则是以鲜艳的颜色和姿态，极力引起注目的拟态昆虫。

例如生活在日本冲绳的玉带凤蝶，这种蝶本身无毒。但不知从何时起，从南方的小岛飞来了有毒的红珠凤蝶，一些玉带凤蝶对其进行拟态，导致现在经常能看见与红珠凤蝶极其相似的玉带凤蝶。

原本玉带凤蝶的雌虫分为两种，一种是花纹和雄虫一样的玉带型，另一种是对红珠凤蝶进行拟态的红珠型。现在，红珠型的雌虫增加了。

蝶最怕鸟类。但是鸟儿吃过一次体内含毒的蝶之后，就会记得这种蝶不好吃，不会再吃第二次。所以一些蝴蝶会模仿有毒的蝴蝶，以保护自己不被这些天敌吃掉。

为了给鸟类留下深刻的印象，毒蝶大多颜色艳丽、花纹醒目，其中的代表就是斑蝶。

很多无毒的蝶会模仿有毒的斑蝶，与金斑蝶外表相似的斐豹蛱蝶就是其一。

近年在日本，斐豹蛱蝶渐渐北上，在东京也比较常见。但自古以来，它的拟态对象金斑蝶并没有在东京出现过。

可我们并不能就此说斐豹蛱蝶的拟态是无用的。

生活在南方岛屿上的鸟类吃过一次金斑蝶后，会清楚地记得这种颜色的蝶不好吃。所以当这些鸟类迁徙飞来东京时，模拟了金斑蝶的斐豹蛱蝶就不必担心被它们吃掉了。

有毒的红珠凤蝶来到冲绳后，长相与红珠凤蝶相似的玉带凤蝶的雌虫数量增加了。

拟态昆虫⑦ **迁徙的大绢斑蝶**

有人做过调查：在日本的蝶类中，你觉得哪种最漂亮呢？绿带翠凤蝶、大紫蛱蝶等经常榜上有名。

我的答案是大绢斑蝶，它姿态优雅，飞舞时飘逸翩翩。

在日本，斑蝶大多生活在冲绳等南方地区，北方只有大绢斑蝶。

斑蝶主要分布在亚热带和热带地区，只有大绢斑蝶会飞往北方，并生活在那里。

这种蝶会随季节变化进行迁徙。它们夏季生活在凉爽的山里，一到秋天就集体飞往温暖的日本西南地区。

有人曾在大绢斑蝶的翅膀上做了标记进行观察，结果发现它们竟然从日本飞到了几千公里以外的国家，真是一场长途旅行。

斑蝶都有毒，它们在幼虫时期吃进去的有毒物质，会直接储存在体内。

中国台湾有一种叫褐斑凤蝶的无毒凤蝶，会对大绢斑蝶进行拟态。

但在日本还没有发现模仿大绢斑蝶的蝴蝶。

不过日本最近出现了一种叫黑脉蛱蝶的蛱蝶。

这种蝶似乎原产于中国，它的大小和花纹富于变化，白化的大型黑脉蛱蝶和大绢斑蝶比较相似。

尤其是它那飘逸的飞舞方式和大绢斑蝶极其相似，所以即便是熟知日本蝶类的人也分不清这两种蝶，鸟类也是如此。

黑脉蛱蝶幼虫的食物是朴树叶。日本人曾担心它们会和同样吃朴树叶的拟斑脉蛱蝶形成食物上的竞争关系，但现在看来似乎没什么影响。

我能飞越海洋。

大绢斑蝶

大绢斑蝶是日本常见的美丽蝴蝶。

飘来飘去

飞舞

怎么样，我和你很像吧？

你这是冒充！

翅膀上带有研究者为观察蝴蝶迁徙而做的标记。

褐斑凤蝶
（生活在中国台湾）

黑脉蛱蝶
（白化个体）

轻飘飘

不只形态，连飞行方式也要模仿有毒的斑蝶吗？

最近在日本也比较常见了。

拟态昆虫

和蜂相似的虫子

在常见的虫子中，你们最害怕什么呢？

很可能是蜂吧。它们的针可以蜇人，有的蜂还有毒。

瞧瞧胡蜂吧。如果靠近胡蜂的巢穴，它们会"嗡嗡"地飞到你身边，"咔嚓咔嚓"地磨牙来恐吓你。

有许多虫子会模仿可怕的胡蜂，它那黄黑相间的醒目条纹，似乎在向敌人发出警告。就像施工工地上会拉一根黄黑相间的警戒绳，提示人们禁止靠近。

天牛、虻、拟天牛中，也有和蜂相似的，但这些虫子都没有毒刺。

它们是怎么做到的呢？虫子明明看不见自己的样子，真是不可思议。

有一种名叫短腹蜂蚜蝇的食蚜蝇，长有黄黑相间的条纹，可以自由进出胡蜂的巢穴。一些学者认为这种食蚜蝇是通过模拟胡蜂来保护自己。

但我看来，短腹蜂蚜蝇与胡蜂并没有那么相似。马蜂更像胡蜂，但如果马蜂靠近胡蜂的巢穴，很可能会丧命。

不过，短腹蜂蚜蝇却可以自由进入胡蜂的巢穴，甚至能在里面大大咧咧地产卵。

从卵孵化而来的食蚜蝇幼虫生活在胡蜂的巢穴底部。

其实在巢穴底部，还有未发育完全就死掉的胡蜂幼虫，短腹蜂蚜蝇的幼虫会把它们吃掉，再把巢穴整理干净。

胡蜂知不知道短腹蜂蚜蝇幼虫干的好事呢？我也不清楚，不过胡蜂默许了对方的行为。看来似乎是因为短腹蜂蚜蝇的幼虫能够打扫胡蜂的巢穴，所以它们的父母得以自由出入巢穴。

在常见的虫子中，
最可怕的应该就是蜂。

模仿蜂的虫子
有很多。

我们很危险哦。

我们在伪装。

螳蛉 　　　　中华虎天牛

危 险

短腹蜂蚜蝇可以自由进入胡蜂
的巢穴并产卵。

卵
短腹蜂蚜蝇

你好。

······

普通黄胡蜂

你们是谁？

嘶~~

对不起。

马蜂

似乎是因为短腹蜂蚜蝇的幼
虫会打扫胡蜂的巢穴，所以
短腹蜂蚜蝇的父母得以自由
出入。

大口
大口

这里不
危险。

微微
扭动

我们会打
扫干净。

看来这种食蚜
蝇并不是通过
拟态来欺骗胡
蜂的。

拟态昆虫

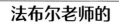

法布尔老师的
标本箱②
叶䗛、枯叶蛱蝶等

雌虫

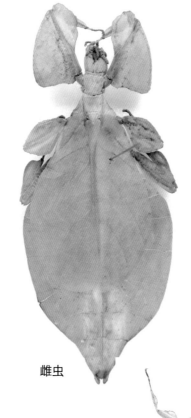

雌虫

竹节虫

➡ P58 拟态昆虫

叶䗛

➡ P58 拟态昆虫

被称为"行走的树叶"。
雄虫有翅膀。

雄虫

正面

虎斑蝶
➡ P58 拟态昆虫

斐豹蛱蝶
➡ P58 拟态昆虫

雌虫

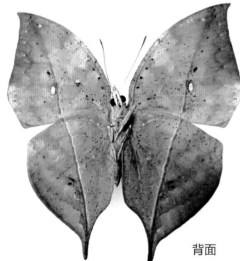

背面

枯叶蛱蝶
➡ P58 拟态昆虫

泰裙纹蛱蝶
➡ P58 拟态昆虫

石蛾① "玻璃池塘"

如果拉开抽屉，你发现里面竟然有一笔意想不到的钱，甚至还不少，会不会乐翻了？

我就翻到了20法郎的金币。当时的1法郎相当于现在的65元人民币左右，所以总共大约有1300元。虽然纸币和硬币都是钱，但硬币拿起来沉甸甸的，感觉更有价值。我都忘了是什么时候把它们放进抽屉里的。

我打算把这笔钱作为研究经费。思来想去，决定请人制作一直很想要的玻璃水槽。

在我生活的年代，玻璃水槽是个稀罕物。玻璃窗在当时就非常昂贵，乡下的农民连听都没听说过，自然也没有卖的。所以我跟村里的铁匠和玻璃匠谈好，特别定制了一个玻璃水槽。

两位工匠按照我的要求开始制作，铁匠首先在桌子上做出了铁框架，玻璃匠再给四面嵌入玻璃。为防止漏水，他们还给边边角角涂抹了油灰。

玻璃水槽制作完成后，两位工匠频繁地问我："这是用来干什么的？""是用来保存橄榄油的吗？"

自然不是了。我是用来饲养和观察住在水里的虫子的。

我们人类一直无法得见水中虫子的生态，只能从上面俯视着窥探。

但是有了这个水槽，我就能在旁边随时观察了。

可如果老实说出自己的真实目的，我应该会被他们当作怪人，所以我没吭声。不给别人添麻烦，自己快乐就好，这样挺好的。

我从池塘里取来藻类放入水槽，小珍珠般的泡沫马上从绿藻里"噗噗"地冒了出来，升到了水面上。

好了，我的"玻璃池塘"终于准备好了。

石蛾② 保持水质干净

我往玻璃水槽里最先放入从池塘里取来的藻类是有原因的。

这是为了保持水槽的清洁，让里面的水质和真正的池塘一样干净。

在玻璃水槽里饲养生物后，生物的排便会让水质渐渐浑浊。生物的呼吸行为还会使水中的二氧化碳增加，氧气减少。

植物呈现绿色，是因为体内有叶绿体。植物利用叶绿体吸收光能，把水和二氧化碳合成有机物和氧气。

产生的氧气会溶入"玻璃池塘"的水中，这样虫子们才能够生存。

你们也许会说："老师，你说的是不是光合作用？我们知道，在学校学过。"

的确，大家在学校里能学到各种知识，还能通过考试来检验掌握知识的程度。这真是值得庆幸的时代。

不过说回来，在学到知识之后，即使觉得自己记住了，但你真的理解了吗？

只是跟着别人简单地学一学，这样得来的知识很容易就会忘记。

我认为，对自然界知识的学习，如果只是通过书本了解，而不去亲自确认，就算不上真正掌握。

那么，我在这个水槽里养些什么好呢？

还是去池塘采集吧。我在池塘里用捕虫网捕到了石蛾的幼虫。

石蛾细细的身体上长着大大的翅膀，成虫不仅能在空中飞，还能用足在水底行走。

石蛾通常在岩石表面产卵，孵化后的幼虫在水中长大。

石蛾幼虫会收集落入水中的树枝、叶子碎屑、小贝壳之类的东西制作小鞘（qiào）。它们会花费很多精力制作，之后隐藏于其中生活。它们简直是水中的结草虫啊。

我决定在水槽里饲养石蛾的幼虫。

从附近的池塘里抓来的。

被生擒活捉了。

我想把小鞘做得美一些，用螺壳一定不会错！

螺壳类

用身边的东西来做。

枯叶类

我们会用各种材料制作小鞘。

（幼虫）

黄角薄翅黄石蛾

幼虫制作小鞘包裹住身体，在水中成长。长出翅膀的成虫可以在空中飞行。

我不光会飞，还能在水中行走哩。

（成虫）

在 100 多年前，玻璃水槽还是稀罕物呢。

好不容易做了这个水槽。

学习自然界的知识，最重要的还是观察！

石蛾

石蛾③ **幼虫的生活**

石蛾的幼虫在制作小鞘时，会用嘴里吐出的丝线来黏结各种材料。

虽然是在水中作业，但幼虫们仍然做出了完全合身的小鞘。

石蛾的种类丰富，不同种类的习性也不同。

我饲养的石蛾幼虫居住在水几乎不流动的池塘里；而有的石蛾居住在水流速度很快的溪流里；还有的种类，其幼虫并不做小鞘。

比如居住在流动河川的斑纹角石蛾虽然不做鞘，但会用丝线在小石头之间结网，以挂在网上的落叶碎片为食。

蜘蛛在空中结网，捕食挂在上面的虫子；而斑纹角石蛾吃落叶的残片。

人偶石蛾则用丝线把小石头拼接起来做成小鞘。它做的小鞘形似人偶，因此得名。

对小小的幼虫来说，一个个小石头就好比人类眼中巨大的岩石。把这些石头组合成石墙，幼虫就能借此重量，以免被快速的溪流冲走。

即便如此，幼虫还是一点点被冲到了下游。但在它们变为成虫、长出翅膀之后，可以飞回上游。

幼虫把小鞘穿在身上主要是为了保护柔软的身体，而且藏身河底时不易被发现。

它们经常从鞘中探出半个身体，在水底"咔嚓咔嚓"地爬行，还会捡拾并大口吞食水中褐色的枯叶。多亏了它们，河水中的落叶被清扫得一干二净。

石蛾的幼虫靠吃落叶长大，肉食性的虫鱼鸟兽则会吃掉石蛾的幼虫，而更大的动物又会吃这些虫鱼鸟兽。

也就是说，同样的营养物质会在各种生物的体内一圈圈地循环。

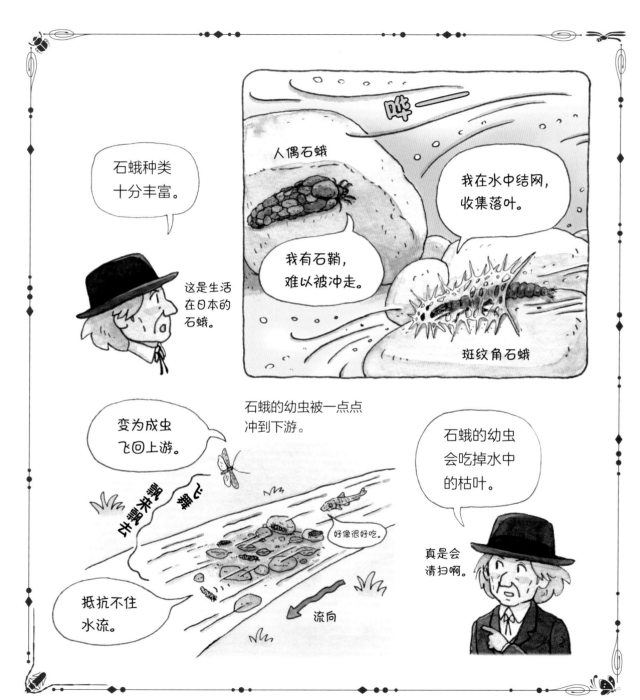

石蛾④ **幼虫的危机**

在开始饲养石蛾之前，我先在玻璃水槽内养了十几只龙虱。结果我完全忘了这回事儿，就把五六只石蛾的幼虫放养到了水槽里。

静静躲藏在岩石缝隙里的龙虱立马发现了从上面沉下来的石蛾。"太棒了！"龙虱们奋力划起小桨般的足游到上方，猛然对石蛾幼虫们发起袭击。

龙虱们抓住石蛾幼虫小鞘的正中央，狠狠地揪掉外侧的小树枝和贝壳残片。

它们知道小鞘里面有柔软美味的幼虫。

在龙虱持续发动恐怖袭击时，石蛾的幼虫迅速从小鞘里逃脱出来。

龙虱却没有发现，仍旧在撕扯着小鞘。

脱掉小鞘的石蛾幼虫像白白的毛虫，身体后半部分有许多丝状物。

这个丝状物其实是"鳃"。幼虫靠鳃摄入水中的氧气，进行呼吸。

脱得光光的幼虫一口气沉到水底，藏到石头缝里。

紧接着，它们就用嘴拾集身边的木屑之类的东西，再用吐出的丝来拼接这些材料，重新开始制作包裹身体的小鞘。

就这样，幼虫在水里靠吃枯叶碎屑等食物长大，渐渐变成蛹。

蛹孵化出的成虫长出了美丽的翅膀，它们可以利用足和翅膀在水中游动，也能在空中飞翔。石蛾的翅膀上还长有细毛。实际上，蝴蝶和蛾这些鳞翅目昆虫是由石蛾进化而来，美丽的鳞粉也是由石蛾的细毛变化而来的。

提丰粪金龟① **长角的怪物**

我住在法国南部的普罗旺斯地区，这里面朝地中海，气候温暖宜人。

站在我家的庭院可以看见海拔 1909 米的旺度山。如果从山上眺望，入目的是一望无际的广阔平原，有橄榄田、葡萄田，还有牧场和荒地。

这里气候干燥，很适合牧羊，因为羊不喜欢湿气重的地方。

既然有许多羊，自然也有许多喜食羊粪的食粪类甲虫。

此处介绍的提丰粪金龟*也是其中一种。

米诺斯（又称：弥诺陶洛斯）是希腊神话中一个牛头人身、半人半兽的怪物。这种蜣螂因为长着长长的角，在日文中被称为"弥诺陶洛斯粪金龟"。

干燥炙热的夏天过后，秋天终于到来。一个雨天，我去了家附近的草地，看见沙地上有几处小鼹鼠窝一样的隆起，正中间有小窟窿。

不一会儿，巢穴里便出现了羽化的提丰粪金龟成虫的身影。

它们从"羊粪山"上"骨碌碌"地滚出一个个橄榄果大小的粪球，吃了一会儿之后就急急忙忙把它们储存到巢穴里，以备过冬。

秋末时节，提丰粪金龟挖的巢穴像人的手指一般粗，深度只有 20 厘米，很容易挖掘。

我用小铁铲挖了挖，刚把手从巢穴入口伸进去，就碰到了羊粪球。

粪便能满满地盛一手掌，提丰粪金龟竟然储存了这么多。

巢穴的底部往往只有 1 只提丰粪金龟，它看起来孤零零的。

*学名为 Typhaeus typhoeus。

秋季的一天，下雨了。
干燥的沙地上出现了羽化的蜣螂。

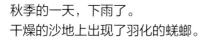
是提丰粪金龟的新成虫。

我要仔细观察！

这就是外面的世界吗？

咩——

沙沙

米诺斯（弥诺陶洛斯）是希腊神话里的怪物。

哞哞

我有 3 个角呢！

雄虫

雌虫

刚出生就体毛浓密。

提丰粪金龟

提丰粪金龟在巢穴底部。

就用这把小铁锹来挖吧。

秋末，提丰粪金龟收集了许多羊粪球放入巢穴。

仅仅一只提丰粪金龟就收集了这么多粪便呢。

深度有 20 厘米左右（储存粪便的巢穴）。

提丰粪金龟② 井一样的巢穴

体长只有 1 ~ 2 厘米的提丰粪金龟竟然搬运了这么多羊粪球，真是了不得。

但首先，提丰粪金龟需要在"羊粪山"的旁边挖出一个长井一样的竖穴。

小心谨慎的虫子趁着夜间把圆圆的羊粪球一个个放在角间，慢慢地运到巢穴，看起来就像大象在搬运岩石和木材。

圣甲虫是把粪便滚成圆球，再用后足向后推，而提丰粪金龟是用前足来拖拉。

到了秋天，提丰粪金龟会食用大量的羊粪，吃得饱饱的。如果没有羊粪，它们就用兔粪来代替。

将近 12 月，这个长井一样的巢穴甚至能被它们深挖到 1 米以下。

在巢穴的底部，铺上了厚毛毡一样的东西。

仔细看就会发现这个"毛毡"的材料是撕碎的干羊粪、干兔粪，作用相当于冬季用的棉被。

3 月初，外面还很寒冷，提丰粪金龟的雄虫和雌虫在巢穴里齐心合力，把洞挖得更深。不过，雌虫的数量其实很少。

秋冬时雌虫明明和雄虫一样多，但一到 3 月，巢穴中几乎就没有雌虫了。如果有 15 只雄虫，那么雌虫只有 3 只，两者的比例大约是这样。

雌虫去哪里了呢？我深思了一下，哈哈，我想到了。

我拿了一把更大的铁锹，开始认真地挖。

有了有了，我找到了和雄虫一样多的雌虫。原来，雌虫都在深处的穴底工作呢。

秋天的夜晚，提丰粪金龟在一个个搬运羊粪球。

对不住了！哼！

兔粪的质量不高，还是羊粪最棒了！

在粪边筑巢就很轻松了。

将近 12 月，便能看见被提丰粪金龟深挖的巢穴。

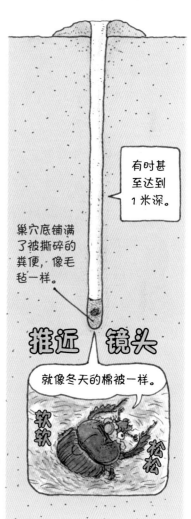

有时甚至达到 1 米深。

巢穴底铺满了被撕碎的粪便，像毛毡一样。

推近 镜头

就像冬天的棉被一样。

3 月初，雄虫和雌虫合力深挖巢穴。

但雌虫好少……这是为什么呢？

我把土推到外面！

我继续挖。

莫非是我想的那样？我开始认真地挖……

原来雌虫在巢穴深处工作。

找到你了。

雄虫和雌虫的婚姻

春天一到，雌虫努力把竖穴挖得更深，雄虫则会前来求婚。有时，好几只雄虫之间会展开英勇的决斗。

雄虫看起来外表凶悍，还有三个角，我以为它们的战斗会十分激烈。

没想到提丰粪金龟非常老实，顶多用"三叉枪"把对方掀翻，就算定胜负了。

胜负见分晓后，输掉的雄虫离开巢穴，胜利的雄虫会和雌虫组成家庭。它们的婚姻生活持续1个月以上，这在昆虫中属于很长的时间了。

雌虫持续深挖巢穴，雄虫则把挖出的土运到外面。雄虫把土壤盛在角之间，就像人类把行李担在肩膀上一样，"嘿哟嘿哟"用力爬上竖穴的墙壁。

看起来这是相当繁重的体力劳动。但不论雌虫还是雄虫，都丝毫不见疲惫，一直持续工作。

独角仙也有类似的行为，昆虫能轻松地搬运比自身体重沉上好几倍的东西，人类在这一点上真是比不了。

一旦成为夫妇，提丰粪金龟可以一直维持家庭和谐吗？不会在中途换掉伴侣吗？

你们说我多管闲事？不不不，这不是瞎操心。这是一个值得思考的问题，我决定亲眼确认答案。

我从泥土里挖出了两组"夫妻"，它们正好在挖巢穴、储备羊粪。我用针尖在它们的翅膀上刺上了标记。

然后我往大花盆里撒上厚厚的沙子，把这4只提丰粪金龟分散放在沙子上，还给了它们一些羊粪。

第二天，我挖开它们的新巢穴，发现待在同一个巢穴里的，就是原本的夫妻。

春天，雌虫继续挖巢穴，
几只雄虫过来了。

战胜的雄虫会和雌虫
度过漫长的婚姻生活。

实验 把正在挖巢穴的两组夫妻分散开，
放进大的花盆里。

第二天，还是原本的夫妻
在一起挖巢穴。

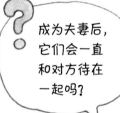

成为夫妻后，
它们会一直
和对方待在
一起吗？

于是……

在一组夫妻的
翅膀上用针做
好标记。

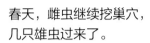

提丰粪金龟④ **执拗的实验**

即便把两组提丰粪金龟夫妻分散开，它们还是按照原来的组合挖了新的巢穴，因此雄虫和雌虫能够识别出对方。

为谨慎起见，我决定再做一次实验。

我把巢穴重新挖开，把雄虫和雌虫分散放在新沙子上。

它们还是按照原来的组合挖起了巢穴。

好的，再重新做一次实验。

你们或许会说："法布尔老师好执拗（niù）啊，虫子们好可怜。"

但是，科学家必须要有这种态度。这不是"执拗"，我希望你们把这看作"严谨"，甚至是必须要采取的"慎之又慎"的态度。

第 3 次实验中，雄虫和雌虫仍恢复了原本的组合。翅膀上有标记的在一个巢穴，不带标记的在另一个巢穴。

我利用同样的夫妻组合反复做了 5 次同样的实验。

结果第 4 次实验时，雄虫和雌虫的组合开始变得混乱。

有时 4 只提丰粪金龟会各自分开挖巢穴，有时待在同一个巢穴里的是两只雄虫，又或者雄虫和雌虫不是原来的组合。

哪怕是原本组合明确的提丰粪金龟夫妻，也因为反复的被迫劳动，产生了混乱。

即便如此，在最初的 3 次实验中，雄虫和雌虫还是正确分辨了对方。

它们究竟是如何分辨的呢？我对这个问题进行了些许思考。

第 2 次实验 再一次分散开，还是同样的夫妻组合在挖巢穴。

 要慎之又慎。

能认出来。

当然了。

第 3 次 重复实验，结果一样。

 有点恐怖啊。

 太执拗了。

第 4 次以后 不过在我进行了多次实验后……

4 只各自挖巢。

 我自己也能生活。

出现了有 2 只雄虫的巢穴。

 为什么你不去挖！

出现了新的夫妻组合。

 我们换组合了。

即便是夫妻关系相当明确的提丰粪金龟，也因为反复的被迫劳动而分开了。

 但在最初，夫妻双方都能正确分辨出对方。它们究竟是怎么认出来的呢？

提丰粪金龟

提丰粪金龟⑤ 分辨对方

提丰粪金龟夫妻是如何分辨出对方的呢?

我们人类可以通过脸、表情、声音、身材来分辨对方。

但昆虫的脸,并没有什么不同。

至少它们没有表情变化。昆虫的外部结构为"外骨骼"型,身体表面坚硬,像披着假面具一样。圣甲虫、锹甲它们既不会哭,也不会笑。

提丰粪金龟不会鸣叫,也不会用声音呼叫对方。那是靠气味吗?蛾就是通过一种气味物质即"信息素"来呼叫对方,或许提丰粪金龟也是那样。

但我最后也没弄明白它们是怎么认出对方的。承认自己的无知,这在科学的世界中非常重要。

不过,提丰粪金龟夫妻是如何在土里工作的呢?

了解它们在自然中的生态很重要。我请家人们帮忙,打算把提丰粪金龟的巢穴挖个底朝天。

我的儿子保罗负责出力挖坑,其他人则睁大眼睛,仔细看挖出来的泥土里是否混杂着提丰粪金龟。

天一亮,我们一家人就赶到了现场。地上四处隆起着土堆,像一个个鼹鼠窝。

一挖走土堆,就露出了深井一样的洞口,我往洞中插入了一根灯芯草。

灯芯草又长又直,在日本是做榻榻米的材料。因为怕挖得太用力导致巢穴塌陷,所以我先插入一根灯芯草来确认深度,然后慢慢挖深。

好了,体力活儿要开始了。我一个人可挖不动。

"加油,保罗。交给你了!"

究竟是如何分辨对方的呢?

昆虫被"外骨骼"包裹着,没有表情。

我们就是能分辨出来。

像飞蛾一样利用"信息素"吗?

不会鸣叫。

承认自己的无知是非常重要的。

我最终也没有搞清楚原因……

接下来我决定去挖野外的巢穴,观察提丰粪金龟夫妇的工作状态。

爸爸,我来挖挖看!

哥哥要小心啊。

保罗,加油!

许多事情在实验室里是无法观察到的。

用灯芯草来确认深度。

沙沙

提丰粪金龟

提丰粪金龟⑥ 卵的下落

多亏了儿子保罗，巢穴挖得很顺利。当挖到 1.5 米深时，用来试探深度的灯芯草碰到了穴底。

我们接着往旁边挖，有了，有了。我发现了 2 只提丰粪金龟，雌雄各 1 只。

上面是雄虫，下面是雌虫，这是我后来才知道的。雄虫从巢外取来一个个粪球，递给下面的雌虫，雌虫把它们揉得像香肠一样，然后塞在巢穴底。这自然是为即将出生的幼虫准备的粮食。

那卵在哪里呢？在香肠状的粪便中吗？我拨开粪便寻找，可不论在粪便的中心还是边边角角，都没有看见卵。

"咦？奇怪啊。怎么没有卵……"

过了好久，终于找到了。原来卵在"香肠"下面的沙子里。

如此一来，从卵中孵化出的幼虫必须自己突破沙子，才能够到有粪便的地方。而其他的蜣螂一般会直接在粪便中产卵，这样幼虫一出生就能吃到粪便。

野外观察很辛苦，所以我使用玻璃管再现这个状态。

我找了一个和虫子的巢穴一样粗的玻璃管，把沙子塞入底部，轻轻地把卵放在上面，又在卵的上面稍微撒了些沙子，再把从野外的巢穴里取来的羊粪"香肠"放在沙子上。

湿度非常重要。我把沾水的棉花塞在玻璃管的上部，这样湿度就能保持得刚刚好。

提丰粪金龟不同于其他蜣螂，即使粪便已经干巴巴了，它们也会拿来当作幼虫的食物。因为干燥的粪便可以在地下深处吸收水分，适度发酵后就成了幼虫最喜欢的食物。

所以它们才把巢穴挖得这么深啊。如果巢穴的深度不够，作为食物的粪便会变得硬邦邦的，幼虫就无法下口了。

保罗和我开始挖灯芯草触到的底部四周。

足足有
1.5 米深,
好厉害!

保罗,
加油!

爸爸,
有了!

怎么样?

巢穴底部有两只成虫。

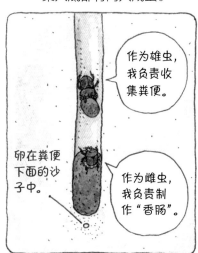

作为雄虫,
我负责收
集粪便。

卵在粪便
下面的沙
子中。

作为雌虫,
我负责制
作"香肠"。

使用玻璃管再现
接近于野外的状态。

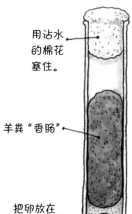

用沾水
的棉花
塞住。

羊粪"香肠"

把卵放在
沙子里。

干燥的粪便吸收地下水
分发酵后,就成了幼虫
最喜欢的食物。

大概因为

干巴巴

圆润润

原来你们是因为
这个才挖这么深
的巢穴啊。

干燥的粪便会
变化的哟。

都是为
了可爱
的幼虫。

原来
如此

提丰粪金龟⑦ **昆虫和人类的比较**

根据我在野外的观察，提丰粪金龟挖巢穴的时间会超过 1 个月。

也就是说，从 3 月初开始，大约到 4 月中旬才会结束。

在这期间这一对夫妻肚子饿了，到底吃什么呢？又吃多少呢？

我制作了装置进行观察，但它们几乎没吃任何东西。不，我可以断言，它们绝对什么都没有吃。

雌虫没有离开过穴底，雄虫虽然爬上爬下，但也没有离开过巢穴。

在我睡觉的夜间，雄虫悄悄爬到外面把羊粪运到地下，夫妻俩偷偷啃食这样的事情也没有发生。

我把一些羊粪作为食物放进观察装置中，可直到挖巢穴的作业结束，这些粪便也没有被动过的迹象。

我家附近的农民平日都在地里耕田，劳动量很大，为此他们 1 天要吃 4 顿饭。

这些劳动者们天一亮就起床，之后吃一些面包和无花果干，以防肚子饿。

法国南部的夏季，清晨 4 点多天就明了，到上午 9 点左右，大家的肚子就饿瘪了。这时农妇们会送来混合面包、培根、卷心菜的汤，还有盐渍小沙丁鱼、橄榄果等。

到下午 2 点左右，农夫们会吃一点儿杏仁和芝士点心，在树荫下午休。睡醒后，他们接着干活，直到晚上回家，再饱饱吃上一顿洋葱拌莴苣沙拉和炸土豆。

如果告诉这些农夫，虫子什么都不用吃就能干一个半月的体力劳动，他们一定会大声笑着说："骗人！"昆虫和人类就是如此不同。

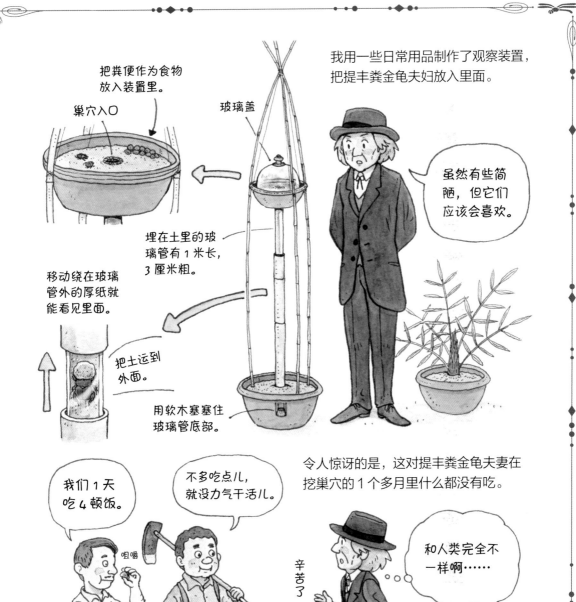

提丰粪金龟⑧ # 分叉的巢穴

我在前面讲了，提丰粪金龟的巢穴非常深。

为了调查它的生态，一个接一个去挖洞实在太辛苦，也会毁坏虫子的家。

所以我用一根特别长的玻璃管做了观察装置来饲养提丰粪金龟，这样就可以观察它们在卵、幼虫、蛹等各个成长阶段的情形。

不过，这个装置只够提丰粪金龟养育1只幼虫。如果1只雄虫和1只雌虫只能养育1只幼虫，种群数量就会越来越少了。

后来我发现，提丰粪金龟挖的巢穴并不是像竖井那样，其实巢穴底部还有好几个分叉，像手套一样。

这次我请木匠用厚木板制作了高约1.4米的长方体装置，其中塞满土，让提丰粪金龟夫妻在里面挖巢穴，这样就接近于野外的环境了。

装置有3面安装了长木板并用钉子固定，只有1面用螺丝固定了3块短板。这样只要拧掉短木板上的螺丝，就能直接观察泥土中发生的事情。

我用布包裹住方柱，时不时浇水，避免泥土干燥。提丰粪金龟夫妇渐渐开始合作挖巢穴了。

挖好后，雄虫把幼虫要吃的羊粪粒一个个运到巢穴里。最终雄虫往巢穴里运送了200多颗粪粒，它用尽力气后，就在雌虫之前死去了。

过了一段时间，我观察巢穴底部，发现有了8个分叉，每个分叉里都有1只幼虫。果然在类似野外的环境中，它们能生产好几只幼虫，只不过生活在这里的幼虫和野外的相比，成长相对缓慢。

想要人为创造出和野外一样的昆虫生存环境，真是太难了。

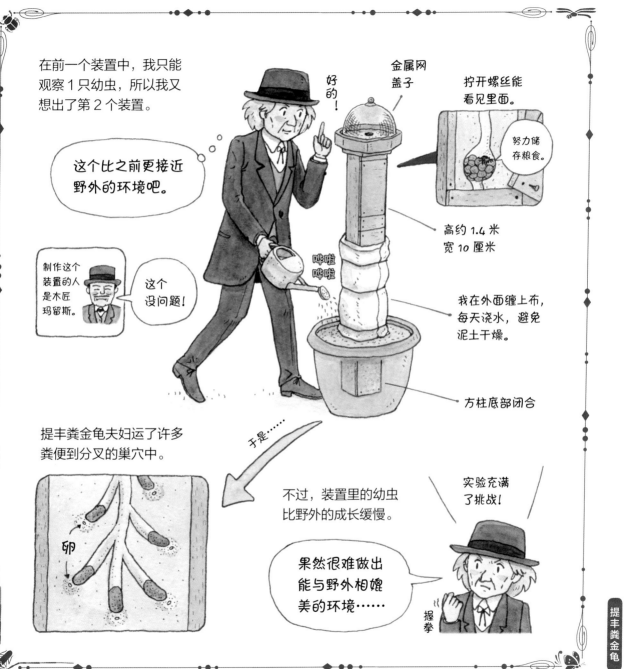

在前一个装置中，我只能
观察 1 只幼虫，所以我又
想出了第 2 个装置。

好的！

金属网
盖子

拧开螺丝能
看见里面。

努力储
存粮食。

这个比之前更接近
野外的环境吧。

制作这个
装置的人
是木匠
玛留斯。

这个
没问题！

哗啦
哗啦

高约 1.4 米
宽 10 厘米

我在外面缠上布，
每天浇水，避免
泥土干燥。

方柱底部闭合

提丰粪金龟夫妇运了许多
粪便到分叉的巢穴中。

于是……

卵

不过，装置里的幼虫
比野外的成长缓慢。

实验充满
了挑战！

果然很难做出
能与野外相媲
美的环境……

握拳

步甲① 不会飞的虫子

昆虫遍布整个地球，生存于海洋中的确实比较少，但不论在森林、草原、沙漠，它们都能够适应环境并生存下来。

昆虫这么小的生物可以在地球上大量繁殖的理由之一，就是它们会飞。昆虫也因此得以顺利觅食，找到交配的对象。

但也有不会飞的虫子，步甲就是其中的代表。

步甲经常步履匆匆地在杂木林中爬行，虽然它们不会飞，但爬起来很快。

步甲大多隐藏在落叶和石头下面，并且是夜行性的，平时很难找到。

让我们来观察一下步甲吧，它的身材修长高挑，有点"溜肩膀"。

大多数的步甲，后翅和鞘翅上的肌肉都退化了。

如果不会飞，就无法跨越大的河川和高山。

所以步甲的群体是孤立的，无法和其他群体交流。

如此一来，每个群体长期独立生活，和其他地区的同一种类就渐渐产生了颜色和形状上的差别。

即便是同一种类的步甲，每一只的色调也各不相同，有的发红，有的发蓝，还有的发绿。

爱好收集步甲的收藏家着眼于各地步甲之间颜色、形状的细微差别，指出"这只和那只哪里不一样"，还开心地给它们起名字。

像日本北海道的大琉璃步甲、阿伊努金步甲，分布在比利牛斯山脉（法国与西班牙两国界山）的小黄金步甲……即便是同一种类的步甲都可以被分为许多型。当把它们排列在一个标本箱里，那斑斓的色彩像宝石一样漂亮。

不会飞的虫子的代表，就是步甲。

因为擅长行走，所以叫作"步甲"。

不要推我！

晚上好！

咚

夜晚四处觅食。

德氏大步甲

淡蓝步甲

即便是同一种类，也因生活在不同地区而各有特色。

每个都很漂亮呢。

阿伊努金步甲

好漂亮的标本，简直是"行走的宝石"！

同在北海道都会如此不同！

世界上有各种各样的步甲。

大琉璃步甲

步甲② 采集方法

你们想不想采集美丽的步甲呢？

除了冬天，杂木林里一般都能看见步甲，只不过它们是夜行性昆虫，抓起来没有那么容易。

步甲会冬眠，因此冬天是最佳的采集时机。

昆虫是变温动物，天冷时它们的体温就会下降、无法动弹，所以成虫会在冬季冬眠。

到了冬天，在山路旁的小山坡或是竹根、树根下面挖一挖吧。运气好的话，能看到步甲们聚集在一起冬眠。

你们觉得步甲冬眠的山坡是朝北还是朝南呢？

朝南更暖和，所以是南面？这样想就错啦。

南面的山坡向阳，冻结的泥土在白天融化，到了夜晚又会重新冻住。

相比之下，更为寒冷且恒温的北面反而更适宜居住。此外，向阳还会导致泥土干燥。

有的步甲会睡于朽木中。除了步甲，有时还能在朽木里找到冬眠的斑蝥和胡蜂的蜂王。

步甲从春季到秋季比较活跃，我们可以在这段时间制作陷阱来捕捉。往纸杯里放入蜂蜜、果汁，填埋在杂木林各处就可以了。

到了夜间，觅食的步甲就会上当跑到里面。它们不会飞，一旦进到杯子里就再也出不来了。

用这种方法很容易就能捉到步甲，但有时陷阱会被狐狸、貉和浣熊破坏。

除了步甲，或许还能捉到蝼步甲。不过别忘了，第二天要把陷阱收拾干净。

步甲③ 打造庭院的虫子

　　我居住在法国南部，我家的"荒石园"中就有金步甲。虫如其名，它们是闪耀着金色光芒的步甲。

　　我从庭院里抓来了 25 只金步甲，打算自己饲养。

　　"拿什么作食物呢……"我在庭院里搜寻，正好遇见排成一列的松毛虫在默默前行，而且有很多只。

　　"就是你们了！"

　　我足足捉了 150 只松毛虫，放进了饲养步甲的容器里。

　　松毛虫实际上是毒毛虫，如果人用手去触碰，毒毛刺进皮肤会导致发炎、发痒。

　　步甲会吃毒性这么强的虫子吗？

　　我撒开了松毛虫，紧接着迅速拿掉藏着步甲的盒子上的木板。

　　顶部的木板不见后，步甲们好像从午休中醒来一样，它们伸伸懒腰，然后注意到了这群松毛虫。

　　大屠杀开始了。步甲一抓住松毛虫就张开大颚，撕扯它的肚子。它们把松毛虫撕得粉碎，然后各自衔住一小块，叼到没有同伴的地方狼吞虎咽。

　　过了大约 5 分钟，松毛虫已经被赶尽杀绝，尸骨无存。

　　步甲有 25 只，松毛虫有 150 只，平均下来 1 只步甲吃了 6 只松毛虫，这食量可真了不得。

　　不过说起来，松毛虫是危害松树的大害虫。如果放任松毛虫不管，松树就会光秃秃了。

　　所以步甲的职责是保护庭院里的树木。法国人把步甲叫作"Jardiniere"。"Jardin"指庭院，意为步甲是"打造庭院的虫子"。

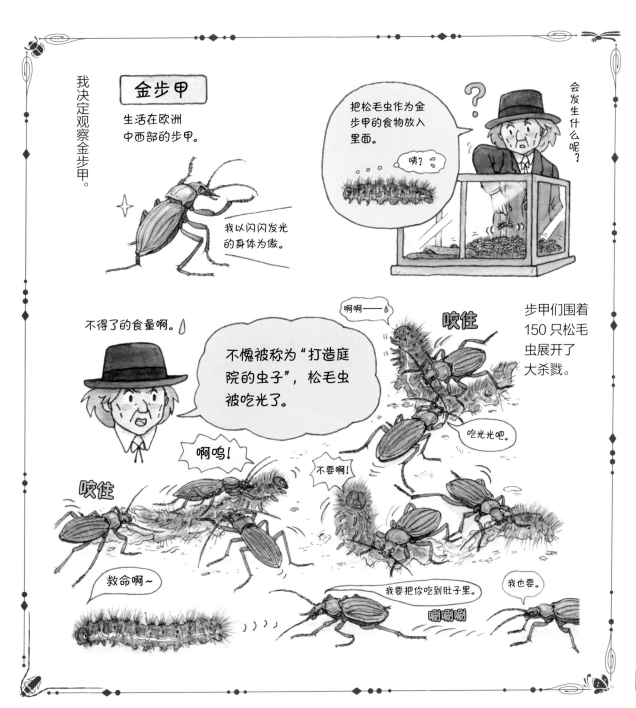

金步甲

生活在欧洲中西部的步甲。

我决定观察金步甲。

我以闪闪发光的身体为傲。

会发生什么呢？

把松毛虫作为金步甲的食物放入里面。

咦？

步甲们围着150只松毛虫展开了大杀戮。

啊啊——

咬住

吃光光吧。

不得了的食量啊。

不愧被称为"打造庭院的虫子"，松毛虫被吃光了。

啊呜！

不要啊！

咬住

救命啊~

我要把你吃到肚子里。

唰唰唰

我也要。

步甲④　能吃的猎物

在自然状态下，我觉得步甲最喜欢的食物是蚯蚓。

蚯蚓通常生活在落叶下和泥土里，到了晚上出现在地表，届时就会被出来觅食的步甲袭击。

步甲张开大颚，咬住了又大又粗的蚯蚓。蚯蚓痛得直打滚儿，但步甲仍紧紧咬住不松口。

经过一番苦战，蚯蚓不再动弹了，最终被吃了个精光。

那么，步甲会如何对待长着硬壳的虫子呢？

我把一只绿白斑花金龟放进了饲养步甲的容器里。

两周过去了，绿白斑花金龟平安无事，看来步甲似乎不打算袭击它。

它们也许在想："那么硬的虫子，我可咬不动。"

于是，我剪掉了绿白斑花金龟的鞘翅和后翅。

随后，步甲们立刻靠拢过来，一口咬住绿白斑花金龟软软的背部，用锐利的大颚开肠破肚，把它掏空了。

那步甲吃不吃蜗牛呢？

我又把蜗牛放进饲养金步甲的容器里，步甲们先是轮流过来，停在了蜗牛旁边。

它们只是稍微舔了一下蜗牛吐出的泡沫，便摆出一副"好难吃"的样子，走开了。看来它们讨厌蜗牛身上黏糊糊的黏液。

如果没有黏液呢？

我弄破蜗牛的外壳，露出它的一部分身体，软软的，从哪儿都能下嘴。

五六只步甲循味而来，瞬间吃光了蜗牛。

原来，只要没了外壳和黏液，蜗牛就是步甲的美食。

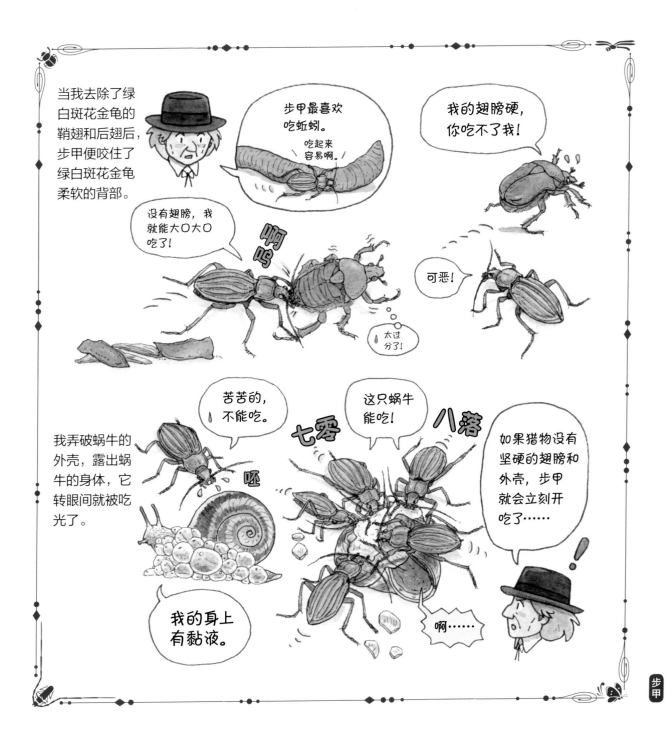

步甲⑤ **棘手的猎物**

步甲一遇见松毛虫便发起了猛攻。

那么步甲什么毛虫都能吃吗？似乎并不是。

灯蛾的成虫个头大、颜色又好看，是非常漂亮的蛾。它的幼虫却毛茸茸的，人们把这种幼虫也叫作"刺猬毛毛虫"。

我往步甲的饲养箱里放入了"刺猬毛毛虫"。

我心想着："步甲会马上吃掉它们吗？"

凑近一瞧，谁知步甲压根儿没出手。似乎是因为幼虫的长毛妨碍到了步甲，它们只能眼巴巴地盯着。

想必步甲们在想："它的滋味一定美极了，可我咬不到，真是遗憾。"它们似乎打算放弃了。

好几天过去了，灯蛾幼虫依旧平安无事。和这些恐怖的虫子待在一起，幼虫竟然平心静气地在饲养箱里走来走去。

有大胆的步甲去尝试攻击，但还是伤不到对方。

步甲也吃不了大孔雀蛾的幼虫，因为它们个头太大了，力量也大，一被咬住就把步甲甩了出去。

我把大孔雀蛾的成虫放进饲养箱，只见蛾拍打着大翅膀，把步甲们掀飞了。

最后我总结出，如果是毛很长的幼虫或者是大孔雀蛾的成虫、幼虫这种又大又有力的虫子，步甲都吃不得。因为处理起来太棘手，想吃也没办法。

还有带硬壳的甲虫、分泌黏糊糊液体的蜗牛，步甲也吃不了。

让步甲棘手的猎物还是存在的。

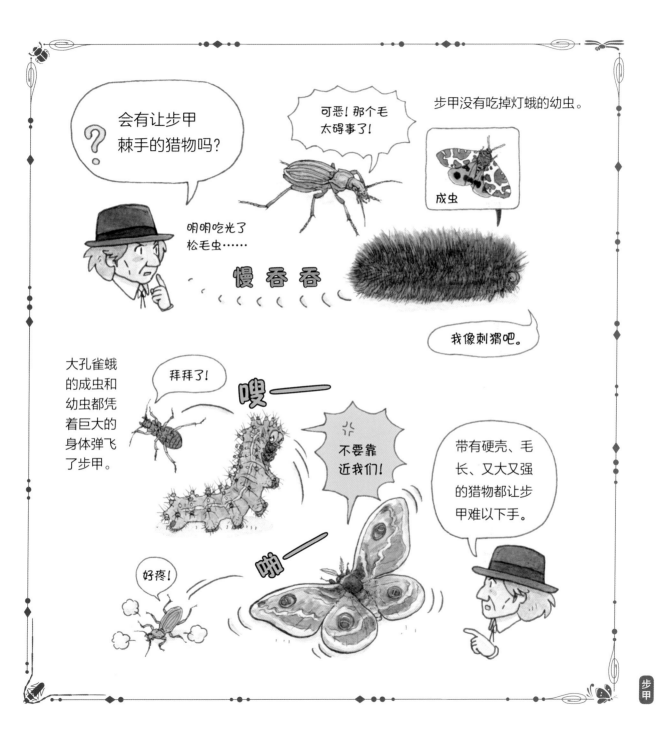

会有让步甲棘手的猎物吗?

明明吃光了松毛虫……

可恶! 那个毛太碍事了!

步甲没有吃掉灯蛾的幼虫。

成虫

慢吞吞

我像刺猬吧。

大孔雀蛾的成虫和幼虫都凭着巨大的身体弹飞了步甲。

拜拜了!

嗖——

不要靠近我们!

带有硬壳、毛长、又大又强的猎物都让步甲难以下手。

好疼!

啪——

步甲

步甲⑥ **日本食蜗步甲**

一般的步甲不吃蜗牛，因为蜗牛不仅有外壳护身，还会分泌苦涩的黏液。但也有专门吃蜗牛的步甲。

它就是脖颈长长的大甲虫——日本食蜗步甲。这种步甲是日本的特有种，别的国家没有，自古以来让欧洲的昆虫收藏家深感兴趣。

在明治时代初期，只有外交官、传教士、贸易商才有机会来日本。当时很多欧洲的昆虫收藏家就拜托这些人，"请帮我带日本食蜗步甲回来，大紫蛱蝶也行"。

日本食蜗步甲的脖颈很长，吃蜗牛时会把头伸到蜗牛壳里面，就像把蜗牛壳戴在了头上。

日本各地的食蜗步甲在颜色、大小上都有差别，非常有趣。人们根据产地给它们起名。比如：

蝦夷食蜗步甲（北海道）
北食蜗步甲（东北地区北部）
青食蜗步甲（新潟县粟岛）
小青食蜗步甲（东北地区南部、新潟县）
佐渡食蜗步甲（新潟县佐渡岛）

这是一些日本食蜗步甲的日文名称。

其中颜色最漂亮的是北食蜗步甲，它的脖颈是紫铜色的，背部闪耀着青绿色的光芒。

体形最大的是产于长崎县福江岛的食蜗步甲，颜色纯黑，又大又壮。

以前人们认为它们属于不同的种类，现在我们知道它们其实都是同一种的变异类型。

收集日本食蜗步甲是一项有趣的爱好。

步甲一般只在地面行走，所以压根儿注意不到在稍高一些草丛上的毛虫。

那么，待在树上和草地上的毛虫就一定安全吗？并不是这样。

步甲中有一种大星步甲，虽是步甲却会飞，也称"黑广肩步甲"，广肩是指鞘翅（前翅）所在的肩部宽阔。

它们的鞘翅下面有健壮的后翅，只要振动后翅就能飞起来，和普通甲虫一样。

产于法国的虹大星步甲比较出名。

虹大星步甲闪耀着彩虹一般的色泽，通常栖息在树上。

法国南部尽是一望无际的荒地，只稀疏生长着栎树。

但在这样的不毛之地，有时却会出现大量的舞毒蛾幼虫，数量惊人，把栎树吃得光秃秃的。

接下来就轮到虹大星步甲大显身手了，它们一只只吃掉舞毒蛾幼虫，将它们完全消灭。

尽管如此，大星步甲也不能无限繁殖。

繁殖过多会引起其他动物的注意。这不，猫头鹰出现了，还有其他天敌也不断前来聚集，要吃掉大星步甲。

猫头鹰吃完步甲时，会把无法消化的坚硬鞘翅团成一块，再吐出来。

这个块状物叫作"食团（pellet）"，通过四处散落的食团可以看出，被猫头鹰吃掉的步甲真是不少。

大自然完美地控制着生物之间的平衡，以避免某种生物过量繁殖，很奇妙吧！

我的肩膀宽。 嗯 哼

这里哦

我想向你们炫耀一下。

虹大星步甲

栖息在树上，可以飞。

除了只能在地上行走的，步甲还有会飞的种类。

在日本也有大星步甲。

大星步甲

自然界完美地控制着生物之间的平衡，以避免某种生物过量繁殖。

重要的是平衡。

密密麻麻

有时会出现大量舞毒蛾的幼虫。

之后……

猫头鹰在吃步甲。

吐出

于是……

大口吞食

虹大星步甲把舞毒蛾幼虫吃光。

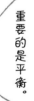

从吐出的食团里可以看见步甲坚硬的翅膀。

法布尔老师的
标本箱③
步甲

青步甲
（产于日本）

➡ P100 步甲

地区不同，在颜色上会有差别。

金步甲

➡ P100 步甲

法国具有代表性的步甲。

虹大星步甲
（产于法国）

➡ P100 步甲

索氏大步甲
（产于法国）

➡ P100 步甲

大琉璃金步甲
（产于日本）

➡ P100 步甲

地区不同，颜色也有所不同。

阿伊努金步甲

➡ P100 步甲

北海道知名的步甲。

正在吃蜗牛的日本食蜗步甲。

日本食蜗步甲
（日本特有）

➡ P100 步甲

产于九州地区的五岛
列岛的食蜗步甲个头
非常大。

沙泥蜂① 身体的不同

南方已经回温，但北方依旧寒冷。不过，雪已消融，百花齐放。大自然的美丽与乐趣相聚在这北国之春。

我所居住的法国南部的纬度与日本北方相同，所以虫子种类和日本北海道的很相似。

看看地图就明白了，从纬度上来讲，北海道的最北端"宗谷岬"相当于法国的中部。

巴黎和库页岛所在的纬度相同，夏天的日照时间很长，直到夜晚9点，天空依旧明亮；冬季的日照时间则很短，到下午3点左右，天就黑了。

欧洲气候温暖是由于受到大西洋上的洋流——墨西哥湾暖流的影响。

从地理上来讲，这也和栖息在此的植被、昆虫相关，就不在这里赘述了。

春寒料峭的时候，最先开始活动的是熊蜂。熊蜂的身体毛茸茸、胖墩墩的，十分可爱，比较常见。这种蜂耐寒，3月份就开始采蜜了。

有时天气突然变冷，熊蜂的身体被冻僵，而后突然掉落在地面上。如果把它们放在手掌上，再吹一口气，熊蜂就会缓过来，又开始飞来飞去了。这种蜂很老实，几乎不蜇人，所以不必担心。

仔细观察一下熊蜂的身体，它们是不是腰比较细，尾部又圆圆的？

到了更暖和的季节，泥蜂等蜂类便开始现身活动，这些蜂的腰都极其纤细。

蜂的身形为什么会出现这样的差异呢？

实际上，这和它们的生活方式有关，下面就来一探究竟吧。

沙泥蜂② 肉食性的蜂

蜂的种类很多。

城市里最常见的是马蜂，马蜂的巢穴中有蜂王和工蜂，大家分工合作、共同生活，就像人类社会。同样，蜜蜂也具有社会属性。

马蜂和蜜蜂虽然都创造了社会组织，但它们的身体形态却相差很大。

马蜂是恐怖的胡蜂的同类，而蜜蜂是上一节讲过的熊蜂的同类。

有的成虫会咬死其他虫子并制作成肉团喂食幼虫，那这类幼虫是肉食性的。另一种则通过采集花粉、花蜜喂食幼虫，这类幼虫是植食性的。

那么，你知道哪种蜂的幼虫是肉食性的吗？

没错，制作肉团喂食幼虫的就是马蜂。

不过，还有与马蜂接近的肉食性蜂，即狩猎蜂。

居住在城市的小伙伴去乡下的时候，有没有见过蜂拖着毛虫飞来飞去呢？那是狩猎蜂在为幼虫搬运食物。

狩猎蜂的种类有沙泥蜂、泥蜂、蛛蜂（鳖甲蜂）、土蜂等多种。它们狩猎的猎物不同，各自对应的主要猎物如下：

沙泥蜂——毛虫

泥蜂——蝗虫、螽斯

蛛蜂——蜘蛛

土蜂——象甲、隧蜂

大约是这些。瞧，这些狩猎蜂的腰部都很细长。

之后我会为大家讲解狩猎蜂细腰的作用，但在那之前，我还想说点儿其他的。

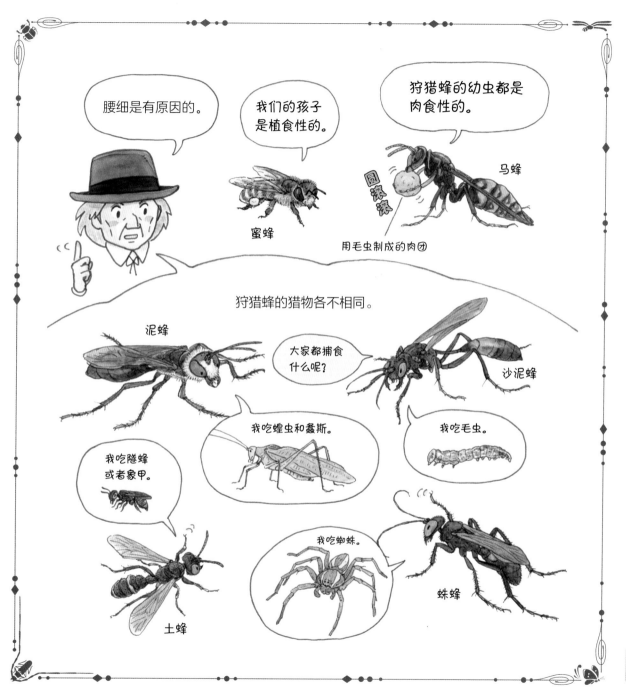

腰细是有原因的。

我们的孩子是植食性的。

狩猎蜂的幼虫都是肉食性的。

蜜蜂

马蜂

圆滚滚

用毛虫制成的肉团

狩猎蜂的猎物各不相同。

泥蜂

大家都捕食什么呢?

沙泥蜂

我吃蝗虫和螽斯。

我吃毛虫。

我吃隧蜂或者象甲。

我吃蜘蛛。

土蜂

蛛蜂

沙泥蜂

沙泥蜂③　实施麻醉的毒针

蜂为什么恐怖？想必你们都知道答案吧，因为蜂有毒针能蜇人。

蜂如果没有毒针，就和虻、蝇一样了，一点儿都不恐怖。

如果从恐怖的胡蜂身上取出毒针，会怎么样？想想胡蜂巢穴里有那么多幼虫，对其他动物来说简直就是美味的蛋白质储藏库，鸟、狐狸、熊会把它们通通吃掉。

蜜蜂能储存那么多甜蜜，就是因为有工蜂在守护巢穴，它们可以用毒针来抵挡敌人。

但有一些蜂的毒针具有其他用途，比如前面介绍过的各种狩猎蜂。

狩猎蜂会先用毒针给猎物做麻醉手术，然后把猎物喂食给幼虫。

发现这件事的人，其实是我。

听起来有点儿自大，不过我来给大家捋一捋事情的经过吧。

那年我31岁，拜读了法国医生、昆虫学家莱昂·迪富尔所写的关于蜂的生态的论文之后，深受启发。

论文里写道，某种蜂在捕捉到吉丁虫后会将其埋在土里，作为幼虫的食物。还解释说吉丁虫没有腐烂，是因为被注射了一种未知的特殊"防腐剂"。

我对此很感兴趣，决定研究这种蜂。在这之前几乎没有人对活体昆虫的行为进行过观察研究。

经过实验我发现，蜂的猎物——吉丁虫并没有死，只是运动神经被麻醉了。也就是说，它们只是不能动，并没有死。

虫子没有腐败，不是被注射了"防腐剂"，而是因为它们还活着。

蜂的恐怖之处果然在于那根针。

金环胡蜂

亮出

使用毒针护巢防敌。

蜜蜂

厉害吧!

我们狩猎蜂用针的方式可不一样哦。

沙泥蜂

迪富尔在论文中写道，死去的吉丁虫没有腐烂是因为被蜂注射了特殊的"防腐剂"。

莱昂·迪富尔
(1780—1865)
法国昆虫学家

但我经过实验发现，吉丁虫是由于运动神经被麻醉才不能动的。

我发现狩猎蜂会给猎物进行"麻醉手术"。

先把你麻醉，这样我就能慢慢产卵了。

……

实际上我还活着。

沙泥蜂

沙泥蜂④ 一击制敌

刚开始研究狩猎蜂时，我对一件事感到不可思议，即猎物一旦被狩猎蜂刺中，瞬间便无法动弹。

我最初研究的狩猎蜂是瘤土蜂，其猎物是四斑象甲。

进一步观察后我发现，蜂只会去刺象甲胸部上的一个点。

那里有什么呢？

解剖猎物之后，我真的被吓到了——象甲的运动神经竟然全部集中在那里。

蜂好像解剖学家一样，明确地知道应该去刺哪一点，而且绝不会弄错。不用别人教，它天生就知道。

通过这项研究，我解开了瘤土蜂能够瞬间夺去象甲运动能力的秘密。

我把观察结果和自己的想法写成论文报告给学会，后来获得了著名的"实验生理学奖"。

通过观察各种狩猎蜂我又发现，其他种类的狩猎蜂也只需一两次就能刺中猎物身体的要害。

为了准确刺中要害，狩猎蜂的腰才长得这么纤细。如果它像蜜蜂一样短粗矮胖，就不能随意弯曲腰部了。

沙泥蜂是腰部尤为细长的狩猎蜂，它的腰就像一根金属丝，只有花蜜才能由此处流到腹部。

如此细长的腰，不仅能自由弯曲，还便于将针刺入猎物的要害。

前面说过，沙泥蜂的猎物是毛虫、尺蠖（huò）等蛾类的幼虫。这些幼虫有多个体节，身体细长，像一个肉乎乎的长棒。问题来了，沙泥蜂是如何对它们实施麻醉的呢？

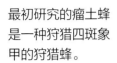

最初研究的瘤土蜂是一种狩猎四斑象甲的狩猎蜂。

蜂清楚地知道应该刺的那一个点。

我要把这项研究成果写到论文里！

刺这里！

这里有运动神经。

扑哧

后来凭此获得"实验生理学奖"。

狩猎蜂只需一两次就能刺中猎物要害。

毛虫、尺蠖在哪里呀……

毛刺沙泥蜂

腰细便于弯曲，可以把针准确刺入猎物的要害。

但是，沙泥蜂能顺利麻醉肉乎乎的毛虫吗？

沙泥蜂必须看清针要刺的地方。

握拳

沙泥蜂

沙泥蜂⑤ 细长腰的秘密

前面讲过沙泥蜂的猎物是毛虫，如果能在野外看见沙泥蜂把针刺入毛虫的瞬间就再好不过了，但很难有机会。

沙泥蜂一般在地面上挖巢穴，然后把猎物藏在巢穴底。

我从巢穴里取出被蜂麻醉的软弱无力的毛虫，用放大镜仔细观察。

但是，并没有找到被针刺的伤痕。

于是我用细针逐一去刺被麻醉的毛虫的体节，看它会出现什么反应。

当我深刺它没有足的第 4 个和第 5 个体节时，毛虫毫无反应。

但一刺到其他体节，毛虫就痛得扭动身体。特别是刺到尾部的体节时，只是稍微刺一下，毛虫就会剧烈扭动。蜂应该刺的是第 4 个或第 5 个体节，毛虫才没有反应。

后来我了解到，沙泥蜂通常会在毛虫被麻醉的第 4 个或第 5 个体节上产卵。这样毛虫不会扭动身体反抗，沙泥蜂也不必担心蜂卵了。

终于有一天，我有机会观察沙泥蜂是如何捕捉大型毛虫的。

这只毛虫的体重大约是沙泥蜂的 15 倍，相当大，好比人类在和一只巨蟒格斗。对手这般强大，沙泥蜂还是只需刺一两次，就能让对方老实吗？

细看的话，沙泥蜂其实细心地刺了这只巨大毛虫的每一个体节。当我看它细长的腰像绳子一样缠绕在毛虫身上时，瞬间感叹："原来如此！"沙泥蜂那细长、柔软的腰是因此变得发达的呀，佩服，佩服。

我从巢穴里挖出毛虫，却没有找到它被刺的伤痕。

所以我决定逐一去针刺毛虫的各个体节。

去刺一刺

一定是在这里产卵的。

深刺第 4 个、第 5 个体节时，毛虫毫无反应。

一动不动

刺刺

1 2 3 4 5 6 7 8 9 10 11 12 13

刺其他体节它却扭来扭去。

扭动

刺

也就是说……

沙泥蜂是通过刺毛虫第 4 个和第 5 个体节，令毛虫变老实的。

耐心刺过巨大毛虫的每一个体节。

我就是这么做的！

扑哧 扑哧 扑哧

所以腰才要这么细长啊。

啊呜

……

用我的大颚控制住你的脖子……

扑哧

沙泥蜂

沙泥蜂⑥ 名字的由来

沙泥蜂窈窕高雅，特别是飞行姿态，堪称蜂中的"贵妇人"。

提到贵妇人，过去欧洲人认为女人的腰越细越好看，所以追求时尚的女性都穿着紧身衣来束腰。

但女人的腰再细，也细不过沙泥蜂。沙泥蜂的腰简直是一根线。

它通常会水平把腰部伸直，像直升机一样悬停一会儿，然后又在空中"嗡嗡"地飞来飞去。

沙泥蜂一般在向阳的斜坡或是被人踏平的道路上挖巢穴。

沙泥蜂挖巢穴时，会用大颚和前足迅速地扒土，就像狗刨坑一样。它的巢穴有铅笔那么粗，深度有5厘米，底部是放置猎物的小房间。

当沙泥蜂钻入巢穴，便能听见"唧唧唧"的声音从底部传来，这是它振动翅膀和身体发出的声音。

沙泥蜂会把被麻醉的毛虫拖进巢穴，当作幼虫的食物。

《诗经》里写道："螟蛉有子，蜾蠃负之。"这是怎么回事呢？

古人认为与沙泥蜂相似的蜾蠃没有雌性，只好抓来毛虫当养子。不过，这是很久很久以前人们的想法了。当时人们还认为蜾蠃会念咒语，它发出"叽嘎、叽嘎"的声音，听起来很像"似我、似我"，是在对毛虫施加"像我一样"的咒语。

以下是中国古代诗歌集《诗经》关于螺蠃的描述。

沙泥蜂，大家都说你是蜂中的"贵妇人"呢。

很漂亮呢。

哎呀，谢谢。

① 把抓来的毛虫埋入土里。

《诗经》里写道："螟蛉有子，螺蠃负之。"

这样就好了！

咚咚

古代人认为螺蠃这种虫子没有雌性，所以把毛虫当养子。

② "似我、似我"地念咒语。

"似我、似我"
"像我一样！"

③ 新的螺蠃从土里"长"出来。

变得一样了！

这是外面的世界啊。

这是很久很久以前人们的想法了。

沙泥蜂

沙泥蜂⑦ 挖掘巢穴

虽然统称"沙泥蜂",但沙泥蜂有很多种类。

每年4月初,最早现身的是毛刺沙泥蜂;到了秋季的9—10月份,沙地沙泥蜂、银色沙泥蜂、柔丝沙泥蜂也现身了。它们长得都差不多,但仔细看又有些许不同。

我蹲在巢穴旁观察,发现沙泥蜂有时会用大颚夹着小石头从巢穴里出来。

沙泥蜂一飞到外面离巢穴约5厘米远的地方,在似乎觉得"丢在这里不碍事"后,就"砰"地扔掉了夹过来的石头。

还令我惊奇的是,沙泥蜂可以向后飞。沙泥蜂从巢穴出来时尾巴是朝上的,谁知它直接保持原样飞到空中,"嘶嘶嘶"平行着向后移动,飞机可做不出这种动作。

可如果石头又平又扁,沙地沙泥蜂和银色沙泥蜂就不会扔得太远,而是把它们放在巢穴附近,你知道这是为什么吗?

因为之后要用到那些石头。

在土壤中挖巢穴时,如果挖到一半天黑了,沙地沙泥蜂和银色沙泥蜂就会拿刚才的扁平石头挡住洞口,让它起到房门的作用。

而且,沙泥蜂选出来的扁平石头正好比巢穴的直径大,这样可以避免它不在家时,有蚂蚁之类的虫子进洞。

顺便一提,毛刺沙泥蜂狩猎和挖巢穴的顺序与其他种类不同。毛刺沙泥蜂是先去狩猎,再挖巢穴,随即把猎物放进巢穴并封住洞口,所以没必要使用石头。

柔丝沙泥蜂也不需要石头。因为它要连续储存好几只小猎物,必须多次进出巢穴,所以没法每次都盖上盖子。

天一黑，就给挖到一半的巢穴盖上"盖子"。

明天接着挖吧……

用准备好的小石头当作临时的盖子。

咔啪

银色沙泥蜂

沙泥蜂也有很多种类。

静静观察

在旁边观察

我把猎物塞进巢穴后，随即锁门。

毛刺沙泥蜂

猎物太多了，没法每次都盖盖儿。

全收集好后，一次封穴。

柔丝沙泥蜂

沙泥蜂

沙泥蜂⑧ 归途漫漫

如果在筑巢过程中天黑了，沙地沙泥蜂和银色沙泥蜂会给做到一半的巢穴盖上临时的"盖子"，然后到别处过夜。

我偶尔看见停留在树枝上睡觉的沙泥蜂，会被它们的姿态吓一跳。

沙泥蜂是用大颚支撑着身体入睡的。还有的隧蜂仅用大颚叼住树枝，几乎不用足部，将身体垂吊着睡觉。

这些暂且不提了，接下来我们看看能正确找到自己巢穴的沙泥蜂的记忆力有多么厉害吧。

它们在别处过了一晚上，回家时却很少会迷路。

在某处抓到猎物后，沙泥蜂就用大颚夹住猎物，拖到昨天挖到一半的巢穴里。那副姿态就像常常经过这段路，十分熟悉。

不过自然也有找不到巢穴、会迷路的沙泥蜂。

这时，沙泥蜂就先把猎物吊挂在蚂蚁够不到的、稍微高一点的草上或小树枝上。

在沙泥蜂历尽千辛万苦找到自己的巢穴后，它会挪开扁平的石头，再刨一点土，然后返回到刚才吊挂着猎物的地方。

接着把猎物拖回巢穴里，产卵后便盖上巢穴的"盖子"。

不得不说，沙泥蜂相当敏锐。

除了归巢的方向感，觅食能力也是了不得。

毛虫可以模仿树枝藏身于树林中，或是像夜盗虫一样隐藏在泥土里。即使这样，沙泥蜂还是瞬间就能发现它，很厉害吧。

纳博讷狼蛛① **有毒的蜘蛛**

如果我对大家说"喜欢蜘蛛的人请举手"，会有人大声回答说"我喜欢"吗？大概许多人都会说："恶心！""蜘蛛有毒，太吓人了！"

大家讨厌蜘蛛，可能是因为它有8条腿，爬行的姿态让人感到不舒服吧。

你们可以讨厌蜘蛛，但我希望你们看见它的时候，不要把它一脚踩死。

因为蜘蛛不咬食蔬菜，不毁坏田地，何止于此，蜘蛛还吃害虫呢。

具有毒性、会对人类造成伤害的蜘蛛只占全世界蜘蛛总数的0.1%。

大家需要引起注意的是极少数的毒蜘蛛。比如含有剧毒的赤背寡妇蛛，它原产于澳大利亚，近年已入侵日本。它们似乎会附着在行李上，从而入境。

其他毒蜘蛛的毒性一般很弱，对人类构不成威胁。但作为其猎物的虫子一旦被咬就会立即死亡，这是因为昆虫的身体太小，毒性容易发作。

世界上最大的蜘蛛是大多生活在南美洲的"捕鸟蛛"，它是捕鸟蛛科大型蜘蛛的统称。我原以为它们捕食鸟类，但其实它们的食物是青蛙和昆虫。还有人把捕鸟蛛当作宠物饲养。

在欧洲，人们一贯恐惧意大利的大利狼蛛。据说人一旦被这种蜘蛛咬伤，会引起痉挛，身体无法控制地手舞足蹈。

后来传说一边听音乐、一边疯狂地跳舞可以治好这种症状，甚至有人专门为此作曲。

但从科学的角度来说，这种蜘蛛不具备这样的毒性。按照现在医学界的看法，这种"塔兰托病"的流行被解释为"集体歇斯底里"，即精神上的疾病。

这种意大利蜘蛛的亲戚，就是我接下来要讲的大型蜘蛛——纳博讷狼蛛。

其实我不捕鸟，
我吃青蛙
和虫子。

捕鸟蛛
捕鸟蛛科大型蜘蛛的总称，
有的全长甚至超过 30 厘米。

不要害怕，
我毒性不强。

大家误认为是我引发了
"塔兰托病"，其实不是哦。

大利狼蛛（意大利）
在地面上挖巢穴生存。

近年入侵日本的赤背寡妇
蛛含有剧毒，非常危险。

嘻嘻！

DANGER 危险！

虽然大家都
讨厌蜘蛛，
但蜘蛛吃害
虫，对人类
是有益的。

在我的荒
石园里也
有纳博讷
狼蛛。

纳博讷狼蛛

纳博讷狼蛛② 喜爱的栖息地

纳博讷狼蛛主要栖息在法国南部和西班牙的荒地的地洞里，除了吐丝结网的种类，还有在地面上挖洞的种类。

我的荒石园里也有这类蜘蛛，它们虽然不如南美洲的捕鸟蛛大，但也非常强悍。

从前，法国南部的朗格多克地区和普罗旺斯地区合称为"纳博讷"，那是一片广袤的地域，这种蜘蛛的名称起源于此。又因为它们的身体里侧呈黑色，也被当地人称为"黑腹毒蛛"。这种蜘蛛的脚上有灰色和白色的斑纹。

我每天在荒石园里观察虫子，知道这种蜘蛛会有 20 多个巢穴。

从洞口往里窥视，洞穴像一口井，蜘蛛蹲在洞底，眼睛像钻石一般闪闪发光，它们也在看着我。

蜘蛛有 8 只眼。2 只大的，6 只小的。有两只眼睛长在脸部的后侧，我们从正面是看不见它这两只眼睛的。依靠这两只眼睛，蜘蛛能看清自己身后的猎物。

离荒石园不远就是一大片荒地，这里很久以前是茂密的森林，鸟兽成群。后来人们为了酿造葡萄酒，把森林砍伐殆尽，转而栽种葡萄。

后来法国全境出现了葡萄根瘤蚜的病虫害。这种害虫会从葡萄根部吸取汁液，使其干枯。

这里的葡萄园自然也受到波及，现在成了荒地。只有用于料理的一种香草"百里香"还比较茂盛，它散发着香气，生长在干燥的荒地里。

满是砂砾的干燥荒地，却是纳博讷狼蛛的天堂。

有 8 只单眼
（2 大 6 小）

我的性格不"腹黑"！

我还被叫作"黑腹毒蛛"。

身体里侧发黑

纳博讷狼蛛

栖息在法国南部和西班牙的干燥荒地，全长有 6～7 厘米。

以前人们砍伐森林，转而栽种葡萄。

我是从北美来的！

葡萄根瘤蚜肆虐，把葡萄消灭得一干二净。

后来这里成了一大片荒地。

这种地方是纳博讷狼蛛的天堂。

原本明明是茂密的森林。

纳博讷狼蛛③ 钓狼蛛的方法

要了解这种狼蛛的习性，首先要捕捉它。

荒石园里长了很多狗尾巴草，我摘下一根草穗，伸进狼蛛的巢穴里来回转动。

狼蛛应该以为是熊蜂或枯草之类的东西进入巢穴了吧，没准儿会到外面查看。

这么尝试之后，狼蛛现身了。当它看见狗尾巴草的草穗像生物一样动来动去时，似乎有了兴致。它心想着"是猎物吗？"，便从巢穴底部爬了上来。

接下来，就看我大显身手吧。

在狼蛛爬到中途时，我用长刃刀从巢穴一旁用力刺过去，直接把狼蛛连着土都挑了出来，这个动作一定要稳、准、狠。

突然被丢到了开阔的地方，狼蛛吓得缩成了一团，这时慢慢抓住它就行了。

如果不用刀，记住诀窍也能轻松抓住狼蛛。当受到惊吓的狼蛛用力咬住草穗时，抓准时机往上提拉，狼蛛就被钓在草穗上了。

蜘蛛是如何击败猎物的呢？让我们来做个实验，进行观察吧。

我把几只熊蜂放进了玻璃瓶，然后把瓶子倒扣在狼蛛巢穴的入口上。

刚开始，毛茸茸的熊蜂"嗡嗡"地飞来飞去，当它们看见狼蛛巢穴的入口后，"咦，这是什么？"，便好奇地飞进去。

狼蛛不可能放过愚蠢的熊蜂，发生了什么呢？听听声音就知道了。巢穴里发出了翅膀激烈拍打的声音，这是熊蜂被狼蛛抓住的声音。不一会儿，里面就安静了。

我打开玻璃瓶，用小镊子夹出熊蜂，熊蜂已经耷拉着口器，死了。

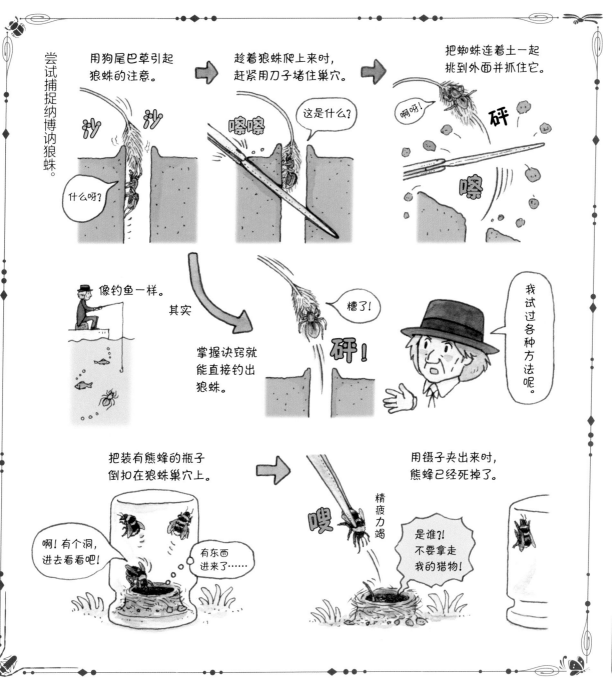

猎物的要害

我们知道了进入狼蛛巢穴的熊蜂被瞬间捕食的事实，但我无法观察到地洞里的交战情形。

我用镊子夹出已经死掉的熊蜂，可狼蛛似乎觉得"我好不容易抓到的猎物，怎么能放手呢"，紧咬住熊蜂不放，于是我就把狼蛛一块儿从巢穴里拉了出来。

当狼蛛注意到人类后，"啊，完蛋了！"，便匆匆逃回巢穴。

我又把猎物放在离巢穴稍远的地方，狼蛛又返回来取。趁此时机，我拿盖子盖住巢穴口，狼蛛只好乖乖束手就擒了。

我把抓来的纳博讷狼蛛放进透明的玻璃瓶中，一并放入了熊蜂。

但是，换了新环境的狼蛛和熊蜂根本不想决斗，它们都显得惊慌失措。

熊蜂原本在泥土里做巢，看见洞穴就会往里钻，这也导致我无法观察狼蛛打败它的场景。如果换成没有钻洞习性的木蜂，或许可以顺利观察。

说做就做，我把一只巨大的木蜂放进玻璃瓶，然后把瓶子倒扣在狼蛛的巢穴上。果然，闻声而来的狼蛛从巢穴底部爬了上来，但它看起来并不想冲上去。

它似乎在想："这个太大了，危险。"在这之后我又接连试了好几个巢穴，都失败了。

不过，最后终于成功了一次。

这只狼蛛可能饿急了，一听到木蜂在玻璃瓶中的振翅声，立马爬出洞穴扑了上去。

木蜂瞬间死去，而狼蛛还紧紧咬着不松口。

狼蛛咬住了木蜂脖颈的要害部位，它很清楚这里有重要的神经。

我趁着狼蛛咬住熊蜂失神的间隙，用小石头堵住了洞口。

把抓住的狼蛛和熊蜂一起放进瓶里，但两者都惊慌失措，根本不想打斗。

我换了没有钻洞习性的木蜂做实验。

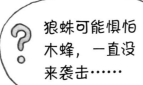

最后终于有只狼蛛咬住了木蜂。

不过……

纳博讷狼蛛⑤　捕捉猎物的方式

说起来，纳博讷狼蛛在年幼时一般不挖洞，而是四处爬行觅食。

年幼的纳博讷狼蛛动作十分轻快，一看见猎物就会立马展开追踪，猛扑上去，速度相当惊人。

很多人在家里见过跳蛛吧，狼蛛的捕食方式和跳蛛很像。

年幼的狼蛛不断猎食，身体渐渐变大，发育成熟后肚子变得圆滚滚的，身体也变重了。它们改变了战术，在地面挖好巢穴后，埋伏在洞口。建好的洞口很像一个瞭望台。

对于稀里糊涂经过的猎物，狼蛛会从上方猛扑过去，堪称神速。很少有猎物能逃出狼蛛的魔掌，可谓一击必杀。

这对于被它盯上的猎物来说，想必很恐怖吧。

狼蛛可以精准地测量自己与猎物之间的距离，如果觉得够不到，就不会做无用功。

到了秋天渐凉的时候，狼蛛就开始挖巢穴。

巢穴的直径起初只有铅笔一般粗，后来渐渐变大。

两年过后，巢穴的直径已有 2 ~ 3 厘米，深度接近 30 厘米。

狼蛛有时潜藏在巢穴底部，有时在"瞭望台"上望眼欲穿地等待猎物经过。

修筑"瞭望台"的材料是什么呢？经过观察，我发现是一些小石子、枯草、木屑等，都是巢穴附近容易找到的东西。

"如果给狼蛛更多、更丰富的材料，它会做出多高的瞭望台呢？"我提出了设想。

凭空想象要不得，任何假设都需要通过实验来验证。我立马收集好材料，事情似乎变得有趣起来了。

年幼的纳博讷狼蛛不筑巢，而在地面上觅食。

身体变大后就在地面挖巢穴，瞄准经过的猎物。

一击必杀！反抗是没有用的哦。

啪

抓到了！

啊！

哎呀！

巢穴兼作"瞭望台"，等待猎物上门……

美味的猎物怎么还不出现啊……

一动不动

瞭望台的材料都取自巢穴附近。

小石子　　枯草

木屑

假如给狼蛛更多材料，它会做出什么样的瞭望台呢？

纳博讷狼蛛

纳博讷狼蛛⑥ 毛线瞭望台

我们已经知道，纳博讷狼蛛为捕捉猎物建造了"瞭望台"。

今天，我打算给狼蛛大量制作"瞭望台"的材料，来进行观察实验。

我选择了一个大花盆，往里面放入狼蛛栖息地的泥土，浇水使其湿润。等土有了黏性后，插入芦苇秆，把四周的泥土压实后，再一下子拔出芦苇秆，这样就做出了直径2~3厘米的竖直巢穴，就让狼蛛住在里面吧。

然后，我在旁边放上圆圆的小石子和皮革绳的边角料，还有长3厘米的粗毛线，作为瞭望台的建材。毛线有红色的、绿色的、黄色的、白色的，因为家里正好有这些。

狼蛛有特别喜欢的颜色吗？混杂着毛线的瞭望台会变成什么样？我很期待。

狼蛛在夜间工作。我平时早睡早起，无法亲眼看到狼蛛的工作情形，所以每天早上起床后，会立刻确认它的工作进度。只见瞭望台一点点被建造起来了。

过了两个月，狼蛛用大量的建材造出了一座城堡一样的"瞭望台"，我在野外根本没见过。

狼蛛先在洞口摆上小石子，然后在上面像织毛衣一样把皮革绳和毛线缠绕起来，再用自己的丝线把它们粘到一起，最后做出了高5~6厘米的"瞭望台"。

狼蛛并不在乎颜色，几种颜色的毛线都混杂在一起。但在人类眼中，这个瞭望台是个相当有趣的艺术品。

来我家的客人看到这个东西，都好奇地问我：

"这是实验装置吗？"

"不是，这是狼蛛做的，不是我做的。"

"什么？是狼蛛做的？"

大家都十分惊讶。

如果给狼蛛更多的材料，它会做出什么样的瞭望台呢？

拔出

用芦苇秆做出巢穴。

放入以下物品作为建材

圆圆的小石子

皮革绳的边角料

粗毛线（3厘米）

蜘蛛对材料和颜色有偏好吗？

放在花盆上的盖子

狼蛛用两个月做出了壮观的"瞭望台"。

颜色似乎无所谓。

狼蛛之"塔"，简直是艺术品，真是了不起！

惊人的狼蛛巢穴

我是蜘蛛中的艺术家。

接下来讲一讲纳博讷狼蛛的育儿话题吧。因为我正好抓住了一只挺着大肚子、即将产卵的雌狼蛛，就把它放在研究室里观察。

这只雌狼蛛之前吃掉了刚刚与自己成婚的"丈夫"。

这种事如果放到人类世界就很恐怖了，但在蜘蛛的世界里，这是常有的事。为了顺利产卵，雄蛛对于雌蛛来说，就是最容易得到的营养。

我把这只雌蛛放进装满沙子的花盆里，为防止其逃跑，还在上面罩了铁丝网。大概过了 10 天左右，雌狼蛛准备产卵了。

它先在沙子表面用较粗的丝线织了一张手掌大小的网，然后在正中央利用尾部分泌出来的蛛丝，开始制作一个圆垫形状的东西。

在雌狼蛛的尾部前端，有一块分泌丝线的凸起，只见它上下振动尾部前端，不断分泌丝线，织出了圆垫。圆垫的四周粘有大量的丝线，所以正中央稍微向下凹陷。

织好圆垫后，雌狼蛛在正中央产下了黏糊糊的黄色卵粒。

接着，雌狼蛛又上下移动尾部，分泌出大量丝线从上方包裹住卵粒。

这样安置卵粒的确很安全，然而雌狼蛛的工作并没有就此结束。

它开始用腿拉扯连接着粗网和圆垫的丝线。

把丝线全部扯断后，又用牙齿衔住圆垫的边缘并一点点掀上去，再灵巧地合在一起，把卵粒完好包裹了起来。

第二天一看，雌狼蛛移动时一直把这个"卵袋"粘在尾部。

如果把卵袋存放在别处，雌狼蛛就要担心自己不在时孩子的安危，这样片刻不离身才更安心。

抓来了一只将要产卵的雌狼蛛。

我吃掉了"新郎"。

这是我在庭院里找到的。

来观察狼蛛是如何产卵的吧。

先用尾部分泌的丝线结出粗网，再在正中央织一个圆垫。

我会在这个双层网的上面，产下黏糊糊的卵粒。

扑通

然后……

用丝线覆盖住卵粒。

把刚才做的圆垫当作外皮，包裹住卵。

移动时把做好的卵袋粘连在尾部。

先把卵粒隐藏起来。

再来保护好卵粒。

嘿哟

这样可以安心了……

郭力力

纳博讷狼蛛⑧ 卵袋的实验

纳博讷狼蛛的雌蛛在爬行时把包裹有大量卵粒的卵袋粘连在尾部，片刻不离身。看得出来，雌狼蛛很爱惜它的卵。

我燃起了好奇心，想做个实验捉弄它一下。我先用镊子夹住卵袋，稍微拉拽了一下。

雌狼蛛发怒了。

它立刻紧紧抱住卵袋，用力咬住镊子，咬得"咔咔"作响，好像在说："你在做什么?!"看来它很重视卵袋。

这次，我强行取下它的卵袋，又给了它一个其他雌蛛的卵袋。只见雌狼蛛立刻把新的卵袋粘在尾部，似乎它并不在意卵袋是不是自己的。

我又递给了它一个和自己的卵袋形状不同的叶金蛛的卵袋，但它还是立刻粘在尾巴上。

这是怎么回事儿啊？狼蛛明明有 8 只眼，却没注意到卵袋的形状根本不一样吗？

接着，我找来了塞红酒瓶的软木塞，把它削成和狼蛛的卵袋一样大小，然后递给了雌狼蛛。我以为它不会被这样的东西所欺骗，结果雌狼蛛依旧小心翼翼地把软木塞粘在尾巴上。

我不由想说一句"好愚蠢啊"。难道是因为软木塞的触感和卵袋相似，雌狼蛛才分辨不出来吗？

于是我分别把纸和棉花揉成团，再用线绑住，然后递给它，结果还是一样。

雌狼蛛是靠"本能"把眼前的东西粘在尾部并以此得到满足，它似乎并不在意卵袋是否是真品，只要尾部粘着东西就感到安心。

狼蛛一方面会精巧地用卵袋包裹住卵粒来守护孩子，另一方面也会做出愚蠢至极的举动，这都是虫子的本能吧。

来做实验吧。

你很重视卵袋呢。

一拉卵袋，雌狼蛛就生气地咬住镊子。

咔咔

你在做什么！

即便是别的雌狼蛛的卵袋，或者其他种类蜘蛛的卵袋，它也直接将其粘连在尾部。

平安带回来了。

别的雌狼蛛的卵袋

即便是形状不同的叶金蛛的卵袋，雌狼蛛也会粘在尾部。

即便不是卵袋，它依然会将其粘在尾部。

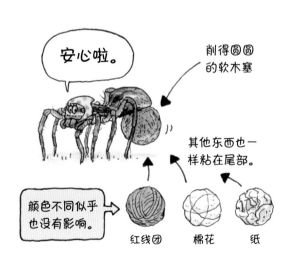

安心啦。

削得圆圆的软木塞

其他东西也一样粘在尾部。

颜色不同似乎也没有影响。

红线团　棉花　纸

看来雌狼蛛只要把眼前的东西粘连在尾部，就会感到满足。

这也是虫子的本能吗？

纳博讷狼蛛

密密麻麻的小狼蛛

一到 9 月，小狼蛛就从雌狼蛛宝贵的卵袋里孵化出来了。当卵袋出现裂缝后，数量庞大的小狼蛛们一个接一个地跑出来，它们沿着妈妈的腿攀爬到背部。我试着数了数，有 200 只左右。雌狼蛛的背部满满当当的，上面都是小狼蛛。

如此一来，空空的卵袋就功成身退了。

雌狼蛛毫无留恋地丢掉了卵袋，明明之前那么珍惜。

从 9 月初起到来年的 4 月初，整整 7 个月的时间，雌狼蛛一直驮着小狼蛛，守护它们。"负子蛛"的别名真是名副其实。

小狼蛛们老老实实地趴在妈妈的背上，相互之间也不嬉闹，是一群乖宝宝。

雌狼蛛偶尔会爬出巢穴，让小狼蛛享受日光浴。当雌狼蛛不小心背部碰到巢穴的墙壁时，小狼蛛便掉得满洞都是。别担心，掉落的小狼蛛会立马沿着妈妈的腿重新爬上背部。

我来做个实验吧。

我让两只背部载满孩子的雌狼蛛走在一起，用笔拨落其中一只雌狼蛛背上的小狼蛛们。结果，掉下来的小狼蛛们立刻爬上了离自己最近的一只雌狼蛛的背部。

雌狼蛛无所谓卵袋是不是自己的，小狼蛛也不在意对方是不是自己的妈妈。

现在雌狼蛛在意的事情，是让孩子们晒到太阳，让它们的身体暖和起来，以度过寒冷的秋冬。

这段时间里，雌狼蛛和小狼蛛靠什么为生呢？莫非是吸收太阳能来代替饮食？但看起来并非如此。

在妈妈背上的时候，小狼蛛们似乎不吃东西也没关系，雌狼蛛也能满不在乎地断食。

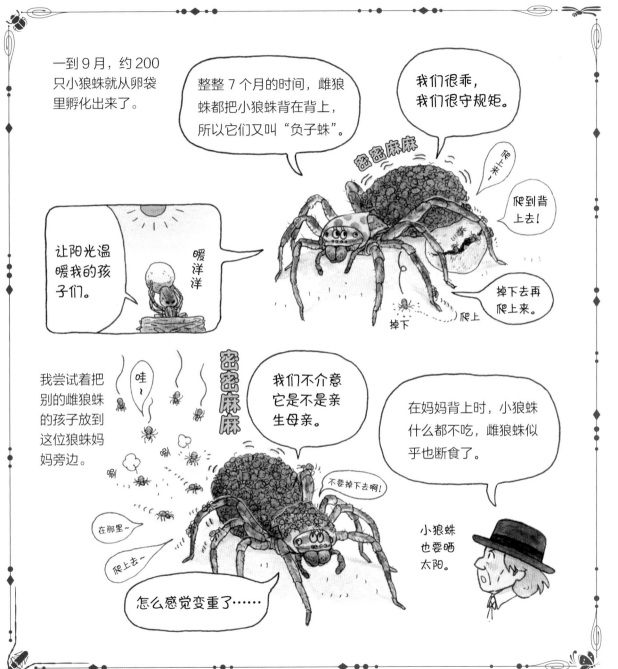

小狼蛛的旅行

小狼蛛们会在妈妈的背上待7个月。

到了4月，天气终于回暖。一个晴天，小狼蛛们开始离开妈妈的背部。

我以为狼蛛妈妈会为孩子们的出发做准备，结果猜错了。雌狼蛛只是静静待在洞口一动不动，而小狼蛛们纷纷离开了妈妈。

小狼蛛们慢慢爬上了罩在饲养装置上的铁丝网。因为它们的身体小，能自由出入铁丝网的网眼。当它们爬到最上面的时候，就会摆动前足。

"原来，它们想要爬得更高啊。"

于是我割下来一根长达3米的芦苇，把它的一端插入铁丝网下的花盆里，让芦苇的绝大部分露在铁丝网上面。

小狼蛛们像久等了一样，争先恐后地爬上了芦苇。

当它们爬到最顶端的时候，尾部便开始分泌丝线。

小狼蛛的丝线极细，细到人眼几乎看不见，多亏了这些丝线时不时在阳光下闪闪发亮，我才发现了它。

丝线又细又轻，被微风一吹就飘走了，而尾部还连接着丝线的小狼蛛们也被带到了空中。丝线像降落伞一样随风飘动，将小狼蛛们带向了远方。

就这样，它们远远飘向了四面八方。

我以为雌狼蛛会有些落寞，结果它一脸不在乎的样子。它先前不太吃东西，现在却频繁狩猎，大肆觅食。想必又在存储营养，为下一次产卵做准备吧。

明明是母子，为何这么冷漠呢？

在昆虫的世界中，父母很少照顾孩子。特别是像蜘蛛这样的肉食性虫子，即便是兄弟姐妹或父母，最好还是各自生活，避免互相争夺食物。

蚊子① 传染疾病的虫子

你认为世界上最恐怖的昆虫是什么呢？咬人的天牛、锹甲、田鳖的确恐怖，大型蜘蛛也十分吓人。

可说到真正能杀人的虫子，就数得上胡蜂了。

仅在日本，每年就有近20人因被胡蜂蜇伤而丧命。特别是生活在日本、中国的金环胡蜂，算得上毒性很强的蜂。

不过，还有比胡蜂更恐怖的昆虫。每年全世界有几亿人因为它们患上严重的发热疾病，甚至有几十万人因此死亡。

这种昆虫到底是什么呢？你应该猜到了吧。

没错，就是蚊子。它们会吸人血，传播疾病。这种一下就能拍死的小虫子其实是最恐怖的。

当然了，并不是所有蚊子都会传染疾病。很多蚊子只吸血不传染疾病，也有很多蚊子不吸人血。

蚊子引起的人传人的疾病有疟（nüè）疾、登革热、寨卡热、流行性乙型脑炎等。其中疟疾的感染者最多，这是一种由按蚊属蚊子传播的，多发生在热带、亚热带地区的疾病。

这种蚊子吸血时会在人与人之间传播疟原虫，这种疟原虫会在人类的红细胞中不断繁殖。感染了疟疾的人，会高烧至40摄氏度左右，且反复发作，头痛难忍，直到身体衰弱甚至死亡。

早在公元前就出现了疟疾，但人类一直未查明原因。有人说是鬼神作祟，有人说是空气传播，一直众说纷纭。

1898年，英国医生罗纳德·罗斯经过多年潜心研究，终于发现传播疟疾的根源在于蚊子。

我很佩服罗斯，能注意到传播疾病的媒介竟然是小小的虫子，想必他曾经每天从早到晚都专心投入研究吧。

谁是世界上最恐怖的昆虫?

是我们!

嗡嗡——

是吗?

凭什么? 米

我觉得是蚊子。

罗纳德·罗斯
(1857—1932)

1898年,英国医生罗纳德·罗斯查明蚊子是传播疟疾的媒介。

还没找到猎物。

嗡——

嘶嘶嘶

传播疟疾

按蚊

这是防蚊网。

蚊子会使人患上各种恐怖的疾病,其中疟疾的感染者最多。

蚊子

蚊子② 水里"冒出来"的虫子

有时我会在家门外的小水坑里看见孑孓（jié jué）在翻腾，它们在水中上下浮动，是一种很小的虫子。

孑孓其实就是蚊子的幼虫。蚊子在水中度过幼虫时代，一变为成虫后就飞到空中，吸取人和动物的血。

孑孓会像变戏法一样突然出现在某一片水坑，所以在过去人们认为孑孓是从水里自然地"冒出来"的。

但是仔细想一想的话，生物凭空"冒出来"的说法不是很奇怪吗？从没有生命的地方突然冒出一种生物，这绝对不可能。

孑孓自然是从蚊子产的卵孵化而来的。在出生后，它会在水中吃比自己还小的生物，慢慢变大。

然后孑孓会蜕变成蛹。

再从蛹羽化成蚊，这个过程非常有趣。

那么细长、形状复杂的触角和足部竟然都能从蛹中羽化而出，并且毫无折损。

在显微镜发明后，人类第一次放大观察蚊子时便惊叹道："蚊子的身体构造竟然这么复杂！"

现在我们有了电子显微镜，能看清更微小的细节。显微镜下蚊子的口器构造极为精密，令人惊叹。

假设做个1米左右的蚊子模型，使用的材料不够结实的话，一个喷嚏就能把模型弄坏；但如果使用坚固的金属来制作，模型则太重飞不起来。

蚊子的身体构造实在巧妙，人类用双手是难以制造出如此小而精的东西的。

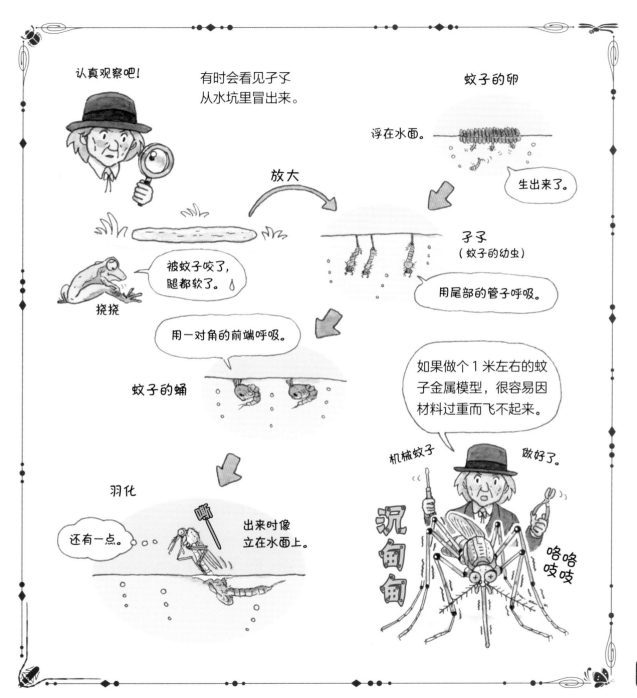

身体结构

我们形容一个人说话声音小，经常会说"像蚊子叫"。没有自信，无法顺利表达自己的想法时，声音自然就小了。

蚊子的叫声是"嗡嗡"的，声音很微弱。夏季的夜晚，不知什么时候蚊子就飞进了屋里。"好的，睡觉吧"，当我们想要休息时，一关灯却听见耳边的嗡嗡声。

"拍死它！"随即打开灯，四处寻找蚊子，但它隐藏在某处，我们怎么都找不到。可当放弃了寻找，一关灯，立马又听见了那刺耳的声音。

一下子睡意全无。

第二天早上起来，看见蚊子停在墙壁上，肚子鼓鼓的，里面都是鲜红的血。

悄悄地走近，用卷起来的报纸"啪"一下拍过去，血渍瞬间沾在了墙壁上。摸一摸身上被蚊子咬过的地方，瘙痒难耐。

蚊子吸其他动物的血液，是为了获得蛋白质以供应自身所需营养来产卵。所以只有产卵前的雌性蚊子才会吸血，雄性蚊子和非产卵前的雌性蚊子通常吸食花蜜和草汁。

"嗡嗡"的声音实际上是蚊子的振翅声。为了飞行，身体越小的昆虫振翅次数越多。如果计算1秒内的振翅次数，蝴蝶是10次，蜻蜓是20次到30次，而蚊子竟高达500次。怎么样，难以置信吧？

再来看一看蚊子吸血的口器。蚊子的口器像一根管子，吸血时并不是把口器"扑哧"一下直接刺入人或动物的皮肤。

其实，吸管式的口器由多个细小的"零件"组成。蚊子先利用口器，像锯一样切开人的皮肤，然后插入位于口器中央的"吸管"。

蚊子吸血时会完美避开对方的"痛点"，还会分泌唾液以免血液凝固，这就是造成我们皮肤发痒的原因。这些家伙简直太可恶了！

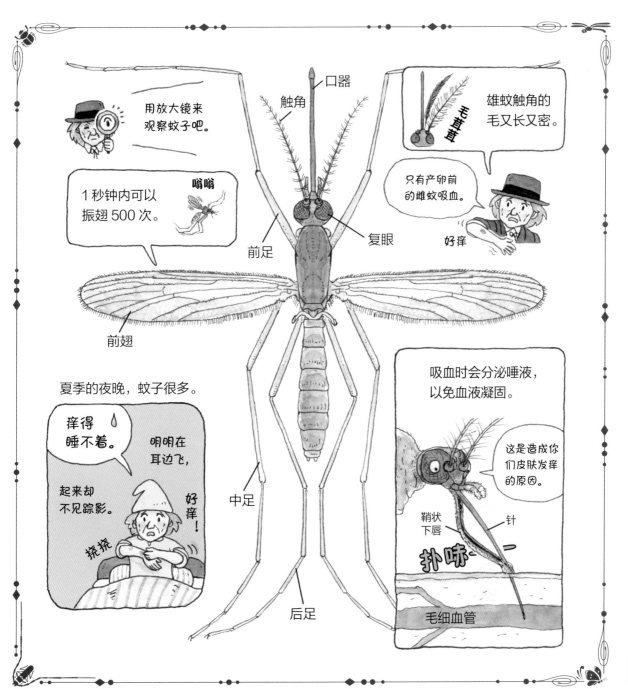

用放大镜来观察蚊子吧。

1 秒钟内可以振翅 500 次。

嗡嗡

触角

口器

复眼

前足

前翅

毛茸茸

雄蚊触角的毛又长又密。

只有产卵前的雌蚊吸血。

好痒

夏季的夜晚，蚊子很多。

痒得睡不着。

明明在耳边飞，起来却不见踪影。

好痒！

挠挠

中足

后足

吸血时会分泌唾液，以免血液凝固。

这是造成你们皮肤发痒的原因。

鞘状下唇

针

扑哧

毛细血管

蚊子

蚊子④ 小小的虫子

昆虫很小，这既有得益之处，也有吃亏之处。

得益处之一就是，它们只需要很少量的食物便能生存繁衍。

有一类吸血的昆虫，比蚊子小得多，小到人类根本注意不到它们是1只还是2只。

它们就是"蠓"，也叫"糠蚊"，意为这种蚊子像米糠粒一样微小。

蠓轻轻松松就能钻过普通的纱窗。用显微镜观察蠓，它又黑又矮又胖，像蝇一样。它们也吸食人和动物的血，给人类带来困扰。

蠓常常大量出现在湿地、池塘等水域。如果皮肤被好几只蠓叮咬就麻烦了，会比普通蚊子造成的肿痒时间更长。

有的蠓会停留在蜻蜓的翅脉上吸食体液，知道它们有多小了吧。

既然讲到了蠓，就顺便讲讲小虫子中的代表——"蓟（jì）马"吧。把蒲公英、蓟花倒扣在白纸上拍打，有时会拍出来1~2毫米长、黑黑的小虫子，就是蓟马。

用显微镜观察，蓟马的翅膀结构有些奇怪，像细棒一样狭长，边缘长有粗毛。

这样的翅膀可以让蓟马像棉絮一样在空中飘浮，风一吹就飘远了。

大量繁殖的蓟马是危害农作物和其他植物的大害虫。但如果把灭绝的生物看作败者，数量庞大的生物看作胜者，那蓟马就是生物界绝对的胜者。

顺便一提，似乎有极小极小的蜂寄生在蓟马的卵中。在这个世界上，越调查越能发现更小的虫子。

蚊子有更小的同类。

看看吧。

我们像米糠粒一样小，所以叫"糠蚊"。

我们只有产卵前的雌性才吸血。

蠓
体长 1～1.5 毫米

咻——

你们是蠓吗？

生气了

我们是德永狭蠓。

小虫子之间的关联……

蓟马
体长 1～2 毫米。

小小的，会不断繁殖。

翅膀上长着一簇簇毛。

还有更小的蜂寄生在蓟马的卵中，太让人惊叹了。

椿象① 有气味的虫子

你们在抓到凤蝶时，有没有闻到一股淡淡的香味？

是蝴蝶染上了花的味道，还是蝴蝶本身的味道呢？我不清楚，但确实能闻见淡淡的香味。

那么，你们遇见过散发着臭味的虫子吗？

说起来，步甲中的"屁步甲"就是很有名的臭虫，它从尾部喷射出强烈的"高温毒气"，不单单味道发臭，这种气体一旦入眼就麻烦了。这是屁步甲在尾部前端混合了两种化学物质，喷发出来的。

说到我们最熟悉的臭虫，就是椿象了。

椿象很擅长使用气味，当它被鸟类叼住时，会从胸部的臭腺释放出独特的气味。鸟一闻到就会"呸呸"地吐出来，明明好不容易叼住的，却毫不犹豫丢开。

释放的臭气中含醛、醋酸、丁酸、乙醇等化学物质，味道会因各种物质的含量不同而改变。

椿象以植物汁液为原料，在体内合成各种化学物质，它的身体就像一个化工厂。

如果把其他小虫子和椿象关在一个容器里，小虫子便会死掉。看来椿象释放的这种气味是毒气。不过，当我把几只椿象锁在狭小的地方，它们自己后来也因自身释放的气味而死掉了。

有人说椿象的气味像香菜，许多人不喜欢这种蔬菜，但也有许多人非常喜欢这种味道。

亚洲人多食用香菜的叶子，而欧洲人把香菜籽作为香料，看来人们对气味各有所好。

顺便一提，生活在田地里的大田鳖（桂花蝉）也是一种椿象，因其特有的香味在泰国常被用于料理。水黾（mǐn）也是一种椿象，它会散发出饴糖一样的甜味。

提到常见的
臭虫，就是
椿象吧……

呸呸

好臭啊!

好臭~

嗯嗯嗯

有了这个味
道，我就不
怕鸟啦。

日本真蝽

除了椿象，还有这样的虫子……

我很臭，会放
出高温的毒气。

噗

屁步甲

气味含有醛、
醋酸、丁酸、
乙醇等化学
物质。

就像一个化工厂!

有人说那个味道有些
像香菜……

果实是香菜籽。

努力混合来搞臭吧!

你可是高级食材。

在泰国，
人们会把
大田鳖用
于料理。

椿象

椿象在全世界约有 3500 种。

昆虫学分类中把蝽归在"半翅目"。关于这一点，把椿象的翅膀张开看看就知道了。

你们瞧，椿象的前翅只有一半坚硬、结实，剩下的一半像薄膜一样。

如果它把翅膀合拢，就能像甲虫一样保护自己的身体，和乌龟很像吧。

接下来看看椿象的嘴，它的口器呈细细的管状，像一根吸管。

过去人们称呼此类昆虫为"有喙目（有口器的）"，而不是"半翅目"。在对昆虫分类时，有些人以翅膀为基准，有些人以喙为基准。就椿象来说，以翅膀为基准就是半翅目，以喙为基准则属于有喙目。

椿象会把口器刺入植物的茎叶来吸取汁液。大家在观察它们的口器时，有没有想起还有一种虫子也是这样吸取草木汁液，长得和椿象还有点儿像？

没错，就是蝉。蝉和椿象是关系很近的昆虫。

停在树上鸣叫的蝉，也是把针一样的口器刺入树皮，吸取汁液。

但植物的汁液营养价值低，很难转化为自身所需的蛋白质。

所以，还不如从一开始就吸食含有蛋白质的血液。有的椿象会直接把尖锐的口器刺向其他昆虫，被刺的虫子死亡后，椿象会来吸食它们的血液。

猎蝽就是肉食性的椿象。猎蝽与大田鳖、日壮蝎蝽、水黾一样，都是肉食性的蝽。

从肉食性到植食性，椿象有相当多的种类。

看看椿象的
身体吧……

前翅只有一半
是坚硬的。

用吸管一样的
口器来吸。

嗨嗨

茶翅蝽

咻——

美味令
我兴奋。

我们也是
同类。

水龟　　日壮蝎蝽　　大田鳖

就椿象来说，以翅膀为基
准的话，就是"半翅目"；
以口器为基准的话，就是
"有喙目"。

外壳和乌龟壳
的作用很像。

水龟

滋

多氏田猎蝽

我们是肉食性
椿象。

卵圆蝽

太过分了，
我们明明是
同类。

椿象③ 日本的椿象

夏季闷热的夜晚，有虫子"嗡嗡"地从窗户飞进来，停在了天花板上。

我心想着："是什么呢？"于是踩上椅子仔细瞧，原来是椿象。它的背部混杂着棕色和绿色，还有个黄色的心形，真是有趣。

查过图鉴后，我发现它是伊锥同蝽，是日本一种有名的椿象。

它的日文名称叫作"江崎纹黄角蝽"，名称中的"江崎"来源于伟大的昆虫学家江崎悌三博士，他出生在日本明治时代，一生致力于研究日本的昆虫。

这种椿象的雌虫为了守护卵块、防止敌人侵害幼虫，会采取一些行动。

当敌人一靠近，雌虫就用自己的身体覆盖住孩子。很少有昆虫会守护自己的卵，大部分都是产下来就不管了。

在庭院里伞形科植物的花朵上，经常能看到赤条蝽，它身上有黑红相间的竖条纹，有种简约之美。如果有这种花纹的家具，应该非常漂亮，用这种花纹做成衬衫也不错。

在日本的椿象中有外观更华丽的，那就是金绿宽盾蝽。它的外形更像甲虫，金绿色的体背上有红色的粗条纹，像是把颜料管里挤出来的红颜料画在了背上一样。

不过，还有花纹更华丽的椿象，就是大斑宽盾蝽。

这种虫子在日文中写作"锦金龟虫"，"锦"是织锦的意思。这种虫子有着蓝色和赭红色的斑纹，色泽如锦缎一样，美丽至极。

大斑宽盾蝽的数量稀少，十分罕见。它的幼虫多栖息在黄杨树上，试着找找看吧，要足够幸运才能找到哦。

椿象④ **世界各地的椿象**

兰花螳螂外表如同一朵淡粉色的兰花，是很有名气的昆虫。

你知道兰花螳螂刚孵化出来时，也就是在一龄若虫阶段是什么样子吗？

它那时全身呈红黑两色，像涂了清漆一样闪闪发光。

在东南亚地区有很多红黑两色的若虫，比如蠡斯的若虫。

兰花螳螂的若虫停留在树叶上时非常显眼，它们也许在模仿椿象的若虫。

"难吃，太臭了！"

它们是不是在用自己身体的颜色来警告鸟类呢？

作为拟态目标的椿象若虫，从一出生就有释放臭味的能力，这可了不得。

多亏了这个气味，椿象才得以在世界范围内大量存活下来。特别是在东南亚、南美等热带地区，有许多颜色和形态各异的椿象。说起它们的美，即便是毕加索这样的天才画家，也画不出如此斑斓的色彩。

有一种椿象名为"人面蝽"，但它并不是在模仿人脸，只是偶然相似而已。

还有一种奇特的亚马逊足啄缘蝽，主要分布在南美，它们的足的胫节上带有叶子形的装饰。

"为什么有这样的装饰呢？"人类对此感到不可思议，但原因尚未查明。

说起来，很多南美洲乐手的服装上常有各种闪闪发光的装饰。

或许外星人看到这些乐手时会这样想："闪闪发光的，真好看，抓住他们！"

椿象⑤ 破卵而出

我在芦笋的细叶上发现了有趣的东西，是 30 粒左右的卵，它们整齐地排列在叶子上，看起来就像刺绣的小珍珠粒。

这些卵的形状像小小的空杯子，每粒卵的"盖子"都脱落了。卵粒半透明，亮晶晶的，十分好看。我联想到了童话中小精灵用着这样的茶杯喝红茶和香草茶的情景。

它们其实是椿象的卵，可幼虫们早早地离开了卵壳，去了别处。

卵壳的作用是守护里面柔弱的小生命，所以大多数的卵壳都是硬硬的，比如鸟卵。

可如果卵壳过硬，幼虫、雏鸟离开时会面临打不破卵壳的困扰，必须想办法破卵。

仔细观察一些卵盖脱落或裂开的椿象卵之后，我发现卵盖的边缘有种锯齿状的纹路。

这个锯齿纹路称作"受精孔凸起"，发挥着类似大头针的作用，可以使卵盖牢牢贴在卵上。

卵壳的边缘还有个三角形的东西，上面有黑色的"T"字形纹路。

"怎么有这种东西？"我感到不可思议，于是片刻不离、瞪大眼睛观察将要孵化的椿象卵。

当卵内的虫子完成发育后，"T"字形纹路渐渐从内向外变得清晰起来。

卵盖的一边最先被顶起来一点点，这是幼虫在下方用头一点点推上去的。

若虫就像打伞一样，把这个带有"T"字纹的三角形物体戴在头上，而"T"字纹路部分相当于伞的骨架。要想顶开硬硬的卵盖，必须使用这个"三角伞"。

椿象⑥ 会爆炸的猎蝽卵

前面讲过植食性椿象会把细针一般的口器刺入植物根茎，吸取汁液。

那么，把口器刺进其他虫子的身体来吸食体液的肉食性椿象，也就是猎蝽的卵是什么模样呢？

多氏田猎蝽在日本很常见，它黑色的体背边缘长着黑白纹斑。这种猎蝽似乎是从外国飞来的，过去日本没有。

初夏时节，多氏田猎蝽通常群居在樱树的树洞里。这种猎蝽以集体生活而闻名，冬季也群居在一处。

在我居住的法国有一种赤黑背猎蝽，日本也有相似的赤胸猎蝽。这两种猎蝽在若虫时期浑身都粘满泥沙，所以很难被发现。

我决定观察赤黑背猎蝽的卵。

这种卵的正中央略微鼓胀，形状像一个圆筒，在筒的一端还有横线。

到了7月中旬，卵群渐渐孵化。孵化后的卵壳空空的，没有卵盖，边缘处带有一种装饰。

我一直未能得见猎蝽卵的孵化瞬间。

有一天早上，我终于看到了——可是，卵竟然爆炸了！

为什么会爆炸？虫子带着炸药吗？不可能。

卵里面的若虫被薄膜包裹着，薄膜与卵盖下面的一个"袋子"相连。在卵里成长的若虫微微呼吸着，它每次呼出的气体会积存在袋子里，最后成为引爆的机关。

同样是椿象，植食性种类和肉食性种类竟然如此不同。以哺乳类来打比方的话，就像是牛和马、狮子和狼的不同。

猎蝽是肉食性椿象。

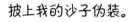
披上我的沙子伪装。

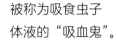
被称为吸食虫子体液的"吸血鬼"。

嘻嘻嘻

幼虫裹满了沙子。

扑哧

成了你今天的下酒菜了。

赤黑背猎蝽（成虫）

白带圆皮蠹

猎蝽的卵会如何变化呢？

孵化前的卵

好野蛮的脱卵方法，就像用炸药引发爆炸一样。

咖咔

砰

刚出生的若虫身体黏糊糊的。

盖子打开，里面有一个"袋子"膨胀起来。

"袋子"爆炸，若虫的头从里面冒出来。

同属于椿象，但植食性的和肉食性的竟如此不同。

椿象

赤条蝽

➡ P160 椿象

红黑条纹十分时髦。

伊锥同蝽

➡ P160 椿象

背部有心形花纹。

金绿宽盾蝽

➡ P160 椿象

很美丽的椿象。

大盾背椿

➡ P160 椿象

又大又漂亮的椿象。

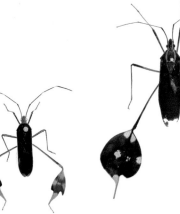

亚马逊足啄缘蝽

➡ P160 椿象

足部的装饰非常有意思。
产于中、南美洲。

人面蝽

➡ P160 椿象

花纹像人脸。产于东南亚。

172

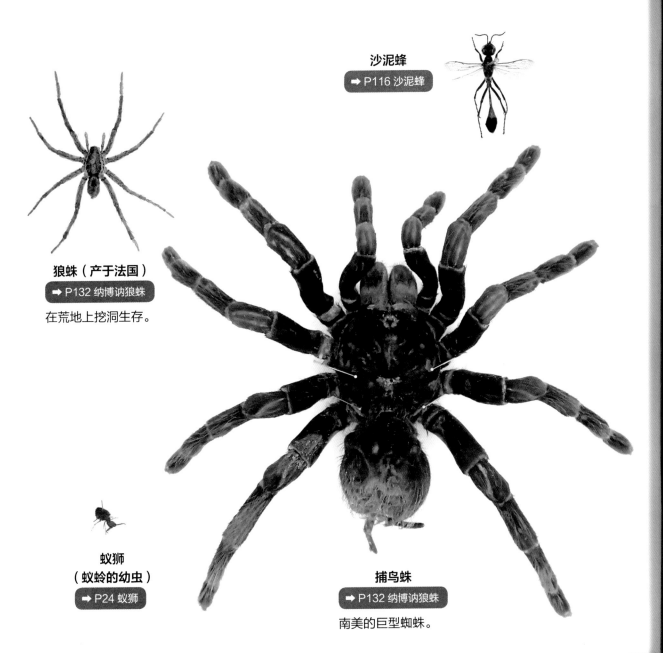

沙泥蜂
➡ P116 沙泥蜂

狼蛛（产于法国）
➡ P132 纳博讷狼蛛
在荒地上挖洞生存。

蚁狮
（蚁蛉的幼虫）
➡ P24 蚁狮

捕鸟蛛
➡ P132 纳博讷狼蛛
南美的巨型蜘蛛。

后记（一）

奥本大三郎

这是我去法国牧场寻找食粪虫的时候发生的事。

《昆虫记》中写道，从阿维尼翁镇出发，跨过罗讷河，就是雷撒格尔山丘。山上有个牧场，在这里能找到很多食粪虫，其中数圣甲虫最多。不过那是法布尔老师生活的时代了，现在去的话，四周都成了街道，没有牛也没有羊。

从前马车是主要的运输工具，现在则是汽车。汽车不排便只排尾气，自然也就没有食粪虫了。虽然现在牧场的数量很多，但牧场的牛羊粪便里几乎没有食粪虫。

没办法，我只好询问法国一所大学的昆虫学家，问他哪里能看见圣甲虫和西班牙粪蜣螂。他告知我："只能去有机农业的牧场。"还说："如今在法国，牧民会给家畜喝驱虫药（去除肚子里虫子的药），所以家畜的粪便不利于食粪虫生存。"然后给我画了一张现在仍有食粪虫的牧场的地图。

正是夏天，牛儿们在凉爽的高原牧场上吃草。在满是扁平石头的牧场，我找到土地上有一点隆起的地方一挖，就发现了一个梨形粪球，还有一只西班牙粪蜣螂的雌虫。

虽然这次牧场之行令我很高兴，但一想到食粪虫越来越少了，我还是感到遗憾。

2019 年 6 月

后记（二）

山下浩平

去年我有幸饲养了几只圣甲虫。我把充满活力的它们分别放到几个容器里，并往里面放入了粪便。刚刚还惊奇地跑来跑去的圣甲虫们，一下子就镇定了下来，聚集在粪便周围。只见它们灵活地用头部和足部滚出了圆圆的粪球，工作态度认真投入，堪称匠人。它们倒立着推滚粪球，埋在土里后便默默开吃，边吃边拉出长长的粪便。

圣甲虫可以从一大团粪便上直接挖出圆圆的粪球，形态正如《昆虫记》中法布尔老师所记述的那样。不久，圣甲虫们就开始交尾。其中几只已经细心地做出了大的粪球，方法和制作食物粪球时不同。原来，它们把一些埋在土里的粪球做成了用于产卵的梨形粪球。遗憾的是，从梨形粪球里并没有生出圣甲虫。后来，我小心地切开一个梨形粪球，在里面发现了幼虫的残骸，看起来小幼虫似乎没有吃这个粪球。

在饲养圣甲虫期间，我每天都很兴奋，拍了大量照片和视频。季节交替时，我烘干了幼虫残骸、粪球，还有长长的粪便，把它们做成了标本。当我在研究会上把这些记录向读者们展示时，所有人的目光都被"咔嚓咔嚓"相互争夺粪便的圣甲虫的影像吸引住了，大家都屏住呼吸，目不转睛地盯着屏幕。一场酣战结束，胜负已见分晓，会场里瞬间响起了雷鸣般的掌声！不论孩子还是大人都是那么开心，我永远不会忘记那个场面。

多亏了圣甲虫，那年夏天我过得非常幸福，收获了难忘的体验。

2019 年 6 月

[日] 奥本大三郎　文

作家、法语翻译家。NPO 日本亨利·法布尔学会理事长。1944 年惊蛰日（3 月 6 日）出生于大阪。毕业于东京大学文学部法文系。埼玉大学名誉教授。作品《昆虫宇宙志》（青土社）获读卖文学奖，《有趣的热带》（集英社）获三得利学艺奖。另有《从昆虫开始的文明论》（集英社国际）、《昆虫的所在》（新潮社）、《巴黎的骗术师》（集英社）、《奥山副教授的番茄大学太平记》（幻戏书房）等多部著作。用长达 30 年的时间翻译了法布尔的巨著《昆虫记》，全译本 20 卷于 2017 年由集英社出版。

[日] 山下浩平　绘

平面设计师、绘本作家。1971 年出生，毕业于大阪艺术大学美术系。主要绘本作品有《青蛙与蝼蛄》（福音馆书店）、《香蕉老师》（童心社）和与得田之久合作的《寻找迷路的恐龙！》（偕成社）等。网页设计作品《SOS 地球环境南极企鹅救援队》荣获 NHK 日本奖，庭园玩具《KINDER ANIMAL》（FROEBEL 馆）获得儿童设计奖。mountain mountain 设计公司创始人。日本法布尔学会会员、日本平面设计协会会员。

图书在版编目（CIP）数据

法布尔老师的昆虫教室 . 3, 昆虫的生存绝招 / （日）
奥本大三郎文；（日）山下浩平绘；宋天涛译 . -- 成都：
四川美术出版社 , 2024.6
　ISBN 978-7-5740-1041-3

　Ⅰ . ①法… Ⅱ . ①奥… ②山… ③宋… Ⅲ . ①昆虫—
少儿读物 Ⅳ . ① Q96-49

中国国家版本馆 CIP 数据核字 (2024) 第 085943 号

FABRE SENSEI NO KONCHU KYOUSHITSU 3
Text & Photo Copyright ©2019 Daisaburo Okumoto
Illustrations,Design & Photo Copyright © 2019 Kohei Yamashita
All rights reserved.
Originally published in Japan in 2019 by POPLAR Publishing Co., Ltd. Tokyo
Simplified Chinese translation rights arranged with POPLAR Publishing Co., Ltd.
through Bardon-Chinese Media Agency, Taipei
本书简体中文版权归属于银杏树下（北京）图书有限责任公司

著作权合同登记号 图进字 21-2024-006
审图号：GS(2021)1532 号

法布尔老师的昆虫教室 3: 昆虫的生存绝招

FABUER LAOSHI DE KUNCHONG JIAOSHI 3:KUNCHONG DE SHENGCUN JUEZHAO

［日］奥本大三郎 文　［日］山下浩平 绘
宋天涛 译

选题策划	北京浪花朵朵文化传播有限公司	出版统筹	吴兴元
编辑统筹	冉华蓉	责任编辑	杨 东
特约编辑	阿 敏　左 宁	责任校对	袁一帆
营销推广	ONEBOOK	责任印制	黎 伟
装帧制作	墨白空间·唐志永		
出版发行	四川美术出版社		
	（成都市锦江区工业园区三色路 238 号 邮编：610023）		
成　品	889mm×1280mm　1/24	印　张	7⅓
字　数	140 千字	图　幅	100 幅
印　刷	北京盛通印刷股份有限公司		
版　次	2024 年 6 月第 1 版	印　次	2024 年 6 月第 1 次印刷
书　号	978-7-5740-1041-3	定　价	228.00 元（全 3 册）

读者服务：reader@hinabook.com 188-1142-1266
投稿服务：onebook@hinabook.com 133-6631-2326
直销服务：buy@hinabook.com 133-6657-3072
官方微博：@ 浪花朵朵童书

北京浪花朵朵文化传播有限公司　版权所有，侵权必究
投诉信箱：editor@hinabook.com　fawu@hinabook.com
未经书面许可，不得以任何方式转载、复制、翻印本书部分或全部内容。
本书若有印装质量问题，请与本公司联系调换，电话 010-64072833